媽媽簡單不費力！

打造孩子聰明腦的日常飯桌養成術

TOKEIJI千繪◎著
王韶瑜◎譯

八方出版

你好，我是TOKEIJI千繪。

身為一名食物專家（飲食訊息專家），我平常以味覺和食育為活動軸心，開設講座、參加媒體演出，以及擔任學校營養午餐監修指導。

各位是否知道，人的大腦在10歲以前就幾乎已經發育完成，且從出生至小學這個階段對味覺發展而言，是極為重要的關鍵時期？

孩子的大腦、身體和味覺，是由日常的「飲食」形塑而成。每日的學習與生活品質，全部都與食物、飲食方法（習慣）息息相關。若說這些會影響孩子一輩子，一點也不為過。特別是家裡有小學生的父母親會想從飲食方面著手，**幫助孩子每日全神貫注地唸書、享受運動樂趣、天天活力充沛不缺課。**

身為育兒中的母親，我為了每天面對孩子「食量小」、「早餐為何重要？」、「很挑食」、「不能吃外食嗎？」等諸如此類煩惱的父母親，思索出解決方案。本書為您介紹**針對不同的煩惱主題，量身訂做出能輕鬆料理的43道食育食譜**，請務必嘗試做做看。

父母親往往肩負著與孩子飲食相關的重責大任於一身。對於孩子每日的飲食是否已經成為負擔？是否感到痛苦不堪？其實父母親要認識每位孩子所需的食物，幫助採取適當的飲食方式，並沒那麼困難。

讓我們努力透過食物，成為孩子茁壯成長的強力後盾，無論大人和小孩都能享受用餐的樂趣。

食物專家
食育專家／TOKEIJI千繪

前言

解決煩惱 食譜集

Chapter 01

頭好壯壯的聰明飲食法

成為發揮考試實力的孩子

我在進行食育講座的時候，時常被家有小學生的母親們問及：「有適合孩子在考前吃的食物嗎？」。

或許這是由於母親們想從飲食著手，幫助孩子能在考試當日發揮日積月累努力的唸書成果。

首先一個前提，並沒有「只要吃這個就一切搞定」的單一食材，均衡攝取各類食材相當重要。營養素並不會單獨起作用，而是靠團隊運作，因此為了讓營養素能在體內被有效吸收，均衡的飲食是必備條件。

此外若想在應試時順利導出答案，加速腦部運轉是非常重要的。在準備考試之際，必須提高記憶力，且在應試時有高度的抗壓性則更加有利。讓我們一起循序漸進往下看。

加速腦部運轉的青魚和亞麻仁油

思考和記憶，是在大腦一個被稱為突觸的神經迴路連結區域，藉由傳送神經傳導物質進行。若要加速大腦運轉，必須製造出能順利傳送神經傳導物質的神經迴路。

促進突觸發育的是一種叫做DHA（二十二碳六烯酸）的脂肪酸，是加速頭腦運轉所需的營養素。市面上也有販售營養補充品，大家應該都耳熟能詳。

突然提起脂肪酸，可能會有人心生「為什麼是脂肪？」的疑問。其實人腦有六成是由脂肪構成。讓我們一起思考看看，究竟什麼才是對頭腦有益的脂肪。

脂肪分為飽和脂肪酸和不飽和脂肪酸兩大類。奶油、奶製品、肉類等均含有飽和脂肪酸。不飽和脂肪酸，又再被細分為Omega-3脂肪酸、Omega-6脂肪酸和Omega-9脂肪酸。其中應該積極攝取的優質脂肪酸是促進腦神經細胞發育的Omega-3脂肪酸。先前提到的DHA和EPA（二十碳五烯酸），均為Omega-3脂肪酸。Omega-9脂肪酸常見於橄欖油，可在體內自行合成。常見於沙拉油等油類中的Omega-6脂肪酸，近年來因攝取過量而被視為社會問題，也被指出與罹患過敏疾病有關。

相較之下，Omega-3脂肪酸富含於鯖魚、沙丁魚、秋刀魚等青魚，以及備受矚目的健康油——亞麻仁油、紫蘇油。

對大腦明明相當重要，但卻是難以在日常飲食生活當中攝取的脂肪酸。請務必留意下列幾項要點：

①增加吃魚的天數

首先，要下意識地積極吃魚。

Omega-3脂肪酸雖然特別富含於青魚，但是也可從青魚以外的魚類攝取。唯獨鮪魚等大型魚類因含汞量較高，建議一個禮拜攝取不超過2次（一週的攝取總量約100~200g以內）。DHA存在於魚脂肪內，特別是當季魚類的脂肪含量特別豐富，應積極食用。

肉類不需花太多功夫在事前的準備工作，也不像處理魚刺般繁雜，每日菜餚以肉類居多的家庭，可嘗試每日輪流食用肉類和魚類為目標。

②煮魚比烤魚更好

Omega-3脂肪酸的特色在於容易氧化。由於烤魚接觸到空氣就容易氧化，因此建議以烹煮的方式調製。或許大家對煮魚有非得用慢火燉煮才可的印象，由於長時間熬煮太久魚肉會變得乾澀，所以加熱烹煮時間就算只有5分鐘也無妨。

要讓只烹煮了5分鐘的魚入味並不容易，但可以把熬煮的湯汁稀釋後連同魚肉一起享用，就能攝取到溶入湯汁裡的Omega-3脂肪酸。

若嫌處理魚刺很麻煩，也可選擇水煮生魚片、油醃或水煮沙丁魚的罐頭連同醬汁一起使用。近來有許多種類豐富、品質優良的市售罐頭，可添加於沙拉和湯品中，請善加利用。

③增添Omega-3脂肪酸油

可在料理中嘗試增添富含Omega-3脂肪酸油的亞麻仁油、荏胡麻油和紫蘇油，近來印加果油也相當熱門。由於這些油的主成分α-亞麻酸會在體內再轉變為DHA，所以在無法攝取魚肉的日子，可使用這些油類取代。

有一點須特別注意，由於Omega-3脂肪酸油不耐熱，不可加熱烹煮。請不要使用於熱炒類食物，可如同將沙拉醬淋在沙拉上般，或滴一滴於湯品或味噌湯中，相較之下可能更方便攝取。

然而脂肪並不是攝取越多就越好，只不過是希望能下意識地從別的脂肪酸改為由Omega-3脂肪酸攝取（重新檢視脂肪的品質）。

此外，飽和脂肪酸並非壞東西。飽和脂肪酸相較於不飽和脂肪酸，較不會因遇熱而氧化，因此可被稱為適合加熱的油。有一份研究報告結果指出，比起食用大量大豆油等植物油的美國人，攝取奶油等動物性脂肪的法國人罹患心肌梗塞的機率反而較低。

④連同能防止油類氧化的維生素E一起攝取

如前述，DHA和EPA這類Omega-3脂肪酸的缺點在於容易氧化。因此可連同富含抗氧化作用的芝麻、堅果等食材一起攝取。維生素E為脂溶性維他命，連同搭配脂質一起攝取，可望獲得吸收率改善的連帶效果。

一提起抗氧化，許多人腦中浮現的是維生素C。攝取維生素C，可幫助防止體內氧化，應從多元食材攝取各種維生素。

幫助強化記憶力的雞蛋、大豆料理

要強化考試學習的記憶力，「卵磷脂」掌握了重要的關鍵。同時也被稱為「大腦的營養素」的卵磷脂，是一種叫

做磷脂質的脂質，富含於人類大腦，是構成腦細胞膜的重要成分。

與大腦記憶力息息相關的是神經傳導物質之一的「乙醯膽鹼」。乙醯膽鹼的含量一旦減少，大腦訊息就無法順利傳遞，使記憶力變差。

大家可能會想若真是如此，只要吃含有乙醯膽鹼的食物就行了，然而乙醯膽鹼要進入大腦，會在血腦障壁被排除掉。因此大腦需要能轉換成乙醯膽鹼的物質——卵磷脂，這是由於卵磷脂為合成乙醯膽鹼的物質。

提取自蛋黃的叫「蛋黃卵磷脂」，來自大豆的是「大豆卵磷脂」。為了增強記憶力，直截了當地說，應積極攝取雞蛋和大豆。

每當我建議要積極攝取雞蛋時，經常會被問及「不必擔心膽固醇的問題嗎？」。大家的確曾聽過「1日最多吃1顆蛋」的說法。然而最近卻有研究指出，膽固醇的數值攀升的原因歸咎於攝取了過多的醣類、食用了氧化的油以及做了激烈的運動造成體內發炎的症狀，即使攝取了含有大量膽固醇的食品，也不會影響血液中的膽固醇數值。厚生勞動省（譯註：類似台灣的衛生福利

部）也於2015年「日本人飲食攝取基準（2015年版）」當中，取消攝取膽固醇攝取上限。

膽固醇和磷脂質都是構成腦細胞膜的材料，可連同其他食材一起攝取。此外雞蛋裡含有一種叫做生物素的營養素，有加熱就容易被吸收的特性。生物素除了有助於細胞的形成，為碳水化合物、脂肪、蛋白質能正常代謝的必要物質，也是對於有效利用維生素B群有所貢獻的重要營養素。

然而有一點須特別留意。深受孩童喜愛、使用了生雞蛋的雞蛋醬油拌飯，會因生物素被排出體外導致無法攝取。

雞蛋的魅力所在，在於能以各式各樣的烹調方式食用，因此不要每日都吃生蛋醬油拌飯，可嘗試多花點心思供應孩子加熱過的雞蛋如水煮蛋、蛋包飯或打顆蛋在味噌湯中等。

強化記憶力也需要維生素C

大腦內有助強化記憶力的乙醯膽鹼，需要維生素C的幫助。由於維生素C是水溶性，易溶於水、不耐熱，揮發性又高，是最不易保存的營養素之一，為了能有效攝取，須注意食用方法。

首先，在削切含有維生素C的食材時，不要切得太小塊，切大塊才能減少維生素C的流失。若以大量沸騰的熱水烹煮食材，容易造成維生素C的流失，建議可以選擇蒸或微波的方式烹調。例如，水煮馬鈴薯等有皮的食材時，不削皮直接煮可以防止維生素C的流失，或用油快炒一下讓油形成一層保護膜包覆住食材，維生素C就不會輕易流失。

若在燙菠菜之前就先切塊，維生素C會從切口處流失，應先煮再切。洗蔬果也是相同的原理，例如，在洗草莓前，不要先用菜刀切除蒂頭，而是要先洗好再用手把蒂頭剝掉。

況且菠菜內含的維生素C，若在冰箱裡冷藏保存9天，將流失7成的維生素C。若把先燙好的菠菜冷凍起來，維生素C的含量則幾乎不變。所以若無法馬上食用，可以先把菜汆燙起來冷凍保存。

強化抗壓性的起司、優格、小魚

考試前會緊張、神經亢奮，難以保持原本的精神狀態。此時，鈣和鎂能產生放鬆、緩和緊張亢奮的神經與肌肉及消除壓力和煩躁不安的效果。

鈣和鎂兩者都是人體比較欠缺的營養素，理想的平衡黃金比例是「鈣：鎂＝2：1」。若能均衡攝取最為理想。

鈣被稱為是難以從日本料理中攝取的營養素。若要補充鈣質，建議食用優格和起司。它們的魅力是從冰箱取出後可立即享用非常簡單方便，也深受多數孩童的喜愛。同時我也建議積極有效利用小魚。最近有市售的減鹽魩仔魚和小魚乾，也可買無鹽小魚乾回來打碎成粉末狀，就能作為味噌湯的高湯，或作為香鬆撒在飯上，甚至加在蛋包飯裡，是隨時都能使用的便利食材。

鈣質最重要的就是吸收率，依據食品不同，其吸收率也有極大的差異，例如，乳製品的吸收率為37～71％，小魚為25～53％，蔬菜、豆類為5～27％。即使是相同的乳製品，其吸收率竟會有37～71％如此大的差異，這是由於吸收率會因年齡增加而下降的緣故，嬰兒的吸收率高，且將伴隨年齡增長而遞減。以小松菜（譯註：小松菜跟台灣本土的「油菜」菜型類似，又稱為日本油菜。）是富含鈣質的蔬菜為例，其吸收率卻遠低於乳製品。盡量不要偏向於某一種特定食材，應從多元食材均衡攝取。

連同有助鈣質吸收的維生素D（鮭魚和香菇）與促進骨骼形成的維生素K（納豆和菠菜）一起攝取，會帶來不錯的效果。

考試前一天禁吃炸豬排

考前和考試當日的菜單，除了銘記上述重點準備之外，同時也須留意盡力維持平日正常的飲食。

有些父母親為了孩子能在考試「贏得勝利（日文：KATSU）」，不惜卯足全力準備炸豬排（日文：TONKATSU，勝利的諧音）甚或供應牛排。然而這些食物需要較久的消化時間，會造成腸胃的負擔，考試結束後再給孩子吃比較保險。

有的孩子會因為緊張導致食量變少，可少量多餐，若真的吃不下，也不需要勉強孩子非吃不可。

也有一緊張就引發腸胃不適的孩子。腸胃弱的孩子，應選擇好消化的溫熱食物，避免太油膩的食物。一緊張就容易便秘的孩子，則可於考試前幾日開始多多攝取富含膳食纖維的蔬菜和優格等食物，幫助調整腸道狀態。

2 成為課堂上全神貫注的孩子

上了小學後，就得每日在學校念書學習，因此能在課堂上「全神貫注」，顯得極為重要。要在課堂上專心一志，首先重點在要讓大腦好好地動起來，進而提升專注力。從此觀點出發，試舉出可從飲食中攝取的食物。

讓大腦好好地動起來，要吃「米飯＋配菜」

單刀直入地說，能讓頭腦好好地動起來的營養素是葡萄糖。或許已經有人聽過「大腦唯一的營養素是葡萄糖」這句話。

在我們的大腦當中有許多神經細胞，藉由發揮作用就能讓大腦動起來。且腦神經細胞在發揮作用之際，只能使用葡萄糖作為能量來源。

代表葡萄糖的是米飯、麵包等所謂的主食。主食中的碳水化合物會經由消化酵素的作用做更細部的分解成葡萄糖。因此孩子若有「好！今天也要努力加油！」的想法卻只吃肉不吃主食，將使大腦無法好好運作。

納豆、豆腐是理想的配菜

反之，是否只吃米飯等主食，就能對大腦有所幫助呢？其實並不然。主食搭配配菜一起吃，大腦會運作得更好。

一篇刊登於2007年日本臨床營養學會期刊的論文，只吃了御飯糰（葡萄糖），與主食連同配菜一起吃，比較兩者大腦的運作變化。根據調查結果得知，只吃御飯糰，與什麼都沒吃的情況沒有太大差別，與主食連同配菜一起吃之後的大腦運作卻變得活潑起來。這表示腦神經細胞無法光靠米飯，需要靠其他食物一同運作。

應當攝取具有代表性的食物，以柴魚片、大豆、高野豆腐（譯註：日本質地較為細緻的凍豆腐）、切達起司、穀類的胚芽部分等為例，這些食材都富含一種叫做「離胺酸」的必需胺基酸。必需胺基酸，是構成蛋白質的20種胺基酸當中無法由體內自行合成、須從食物攝取的胺基酸。

再者維生素B_1也是改善大腦反應的重要營養素，醣類則能幫助轉換成能量。豬肉、鰻魚、肝臟、糙米等，尚未精製過的米、大豆和柑橘類的水果，均含有維生素B_1。由於維生素B_1為溶於水

的「水溶性維生素」，應把這些食材煮成湯品隨時補給。

尤其是孩童上課前吃的早餐，更是影響課堂學習效率的決定性關鍵。因此，要讓大腦好好地運作，須留意早餐的主食（葡萄糖）應連同離胺酸和維生素B_1一起攝取。要記住離胺酸、維生素B_1這些營養素的名稱可能會覺得很難，其實只要盡可能地在吃早餐時增添大豆食品，或廣為增加攝取配菜的種類就好。

大腦不可或缺的維生素B群食品

之前已稍加介紹維生素B_1，維生素B群除了B_1（硫胺）之外，還有B_2（核黃素）、B_6（吡哆醇等）和B_{12}（氰鈷胺明）。所有維生素B都是大腦運作所不可或缺的營養素，同時也扮演了幫助其他大腦必需營養素的角色。

在此嘗試整理出維生素B_1之外的B群對大腦的影響，以及有富含B群的食品。

● 維生素B_2（肝臟、納豆、牛奶）

幫助形成突觸的神經細胞發揮作用，改善大腦運作。一旦缺乏維生素B_2，將容易導致「無法專注」、「提不起勁」等情況，之後將為各位說明各個狀態。除了肝臟富含維生素B_2之外，也常見於拉絲納豆、牛奶、奶製品等食品。

●維生素B_6（肉類、鮪魚、鮭魚）

為合成腦神經傳導物質和蛋白質的必需營養素。或許大家曾經聽過藉由維生素B_6發揮作用下，由麩胺酸生成能抑制神經亢奮的神經傳導物質GABA（γ-胺基丁酸）。由於維生素B_6可透過腸道內細菌部分合成，不易引起缺乏症，一旦不足就容易情緒不穩定，或成為失眠症的原因。肉類、鮪魚、鮭魚等魚類和主食的米飯都含有維生素B_6。

●維生素B_{12}（肉類、魚類、味噌）

除了幫助全身細胞的代謝，同時還與葉酸一起幫助紅血球的形成與腦神經細胞的再生，預防惡性貧血及促進神經細胞正常運作。雖然幾乎不含於蔬菜，卻富含於廣泛的動物性食品當中。建議也可攝取味噌和納豆等發酵食品。

維生素B群難以獨自發揮效用，而是靠相輔相成互助運作，因此不要偏好特定食品，盡量在一日3餐中攝取。又由於是水溶性維生素，很容易在烹煮過程中流失的營養素，請參閱p.17「強化記憶力也需要維生素C」中詳述的注意要點，多攝取一點。

米飯派比麵包派的智能指數還高的理由

讓我們看一下以米飯和麵包為主食的「種類」。

最近有一份調查結果顯示，主食為米飯派的孩童的智商比麵包派的孩童高出一些。再更進一步地詳細觀察後得知，米飯派孩童的大腦灰白質（許多腦神經細胞聚集的部分）的體積比較大。

造成差異的原因，據說是因為主食的GI值的不同。GI值（升糖指數）如圖所示，是表示進食後血糖如何上升的指標。

血糖值與GI值的關係

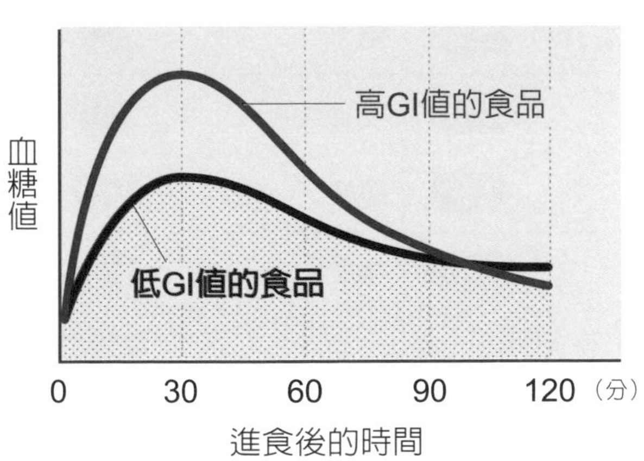

被曲線涵蓋的面積（圖表網點部分）稱為GI值，以世界標準「葡萄糖的GI值＝100」的比較標準所制定。**GI值低的食品，血糖值較不易急速上升，可以平穩安定地傳送能量到大腦，被認為與大腦本身的發育有關係。**

舉例來說白米的GI值為70，白麵包的GI值為95。正如稍早提到米飯派孩童的智能指數比麵包派孩童來得高的結果，白米與白麵包的GI值竟差25，可分析出兩者的差異。

GI值低的食品有助大腦的發育

白砂糖（上白糖）	109	糙米	50
葡萄糖	100	黑麥麵包	40
白麵包	95	優格	36
白米	70	牛奶	34
		大豆	15

高GI …GI值70以上的食品
低GI …GI值55以下的食品

※GI值會因國家和製作數據的機構和食品種類有誤差。

低GI值的糙米和黑麥麵包為佳

大致上可先牢記「纖維質豐富的食物、未被精製的食物GI值較低」。例如，全麥麵包和黑麥麵包的GI值比一般的白麵包低，糙米比白米的GI值低。這些通常屬於「消化時間長」的食物，因此在身體狀態不佳、消化功能不好時，不要勉強攝取。

來看一下糙米為50的低GI值食物，其營養價值當中的維生素B_1含量約為白米的5倍，鎂含量約4倍，鉀和鐵質含量約2倍，食物纖維含量約6倍，營養豐富。然而另一方面卻因為太硬，口感不佳，消化吸收也不好，較不適合孩童。

有鑑於此，我推薦半糙米。簡而言之，就是介於糙米和白米中間的米。這是保留了部分糙米營養精華所在的米糠所碾製的米。保留了糙米的營養素，卻更加順口，也比糙米更容易消化吸收。

依據不同的碾米比例，將半糙米細分為去除70%米糠和胚芽的「7分米」，去除50%的「5分米」。在日本，百貨公司地下街的米店等店家都可以幫忙碾製糙米，甚至最近在超市也看得到這種服務。第一次吃的人，建議先從外觀和口感幾乎都與白米無異的7分米吃吃看。或可灑上糙米和麥片於平日吃的白米上，以白米的相同煮法，就能降低GI值。由於作法輕鬆簡單，請務必嘗試看看。

要一直攝取低GI食品原本就不容易，況且會造成食物攝取不均衡的現象。因此，攝取GI值低的食品固然重要，重點在攝取GI值高的食品時，要與能降低其他食物GI值的「醋」、「食物纖維」、「奶製品」、「豆類」一同攝取。

再者，即使是GI值高的食品在放涼的狀態下吃，血糖值就會變得不易上升。因存在於碳水化合物中的一種澱粉「抗性澱

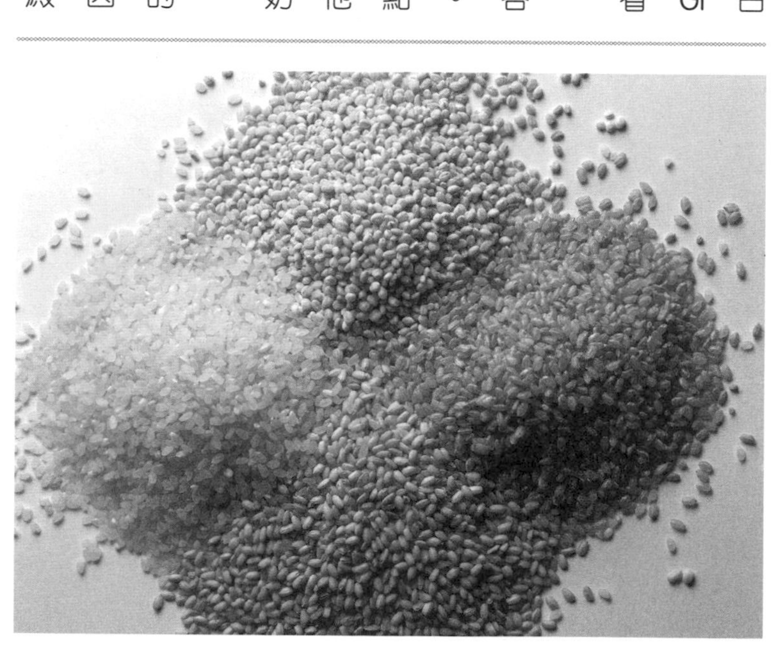

粉」，有著部分會無法被人體消化排出體外的特性。如同食物纖維，有幫助用餐後血糖值不易上昇的作用。

「抗性澱粉」的量會在食物放涼的狀態下增加，因此相較於剛煮好的飯，便當和御飯糰更不易讓血糖值上昇，諸如燉煮南瓜等這類菜餚大可不必再加熱就可食用。

不抓狂、不煩躁
早餐應避免食用點心麵包和甜果汁

近幾年，造成孩童在課堂上提不起勁、忘東忘西、容易抓狂、沒有專注力而備受矚目的原因，歸咎於孩童的低血糖問題。低血糖為血糖值極速下降的狀態。一旦養成早餐食用含有白砂糖（GI值109）的點心麵包和零食及喝果汁的習慣，就會促使有降低血糖值作用的胰島素分泌過剩。於是血糖值先是急速上升再急速下降，造成低血糖的狀態。

同上述，由於大腦是以葡萄糖做為能量的來源，因此若血糖值降得太低，就無法正常運作，會出現倦怠、精神不振的症狀。甚且大腦會促進腎上腺素賀爾蒙的分泌，將囤積於體內的糖分排放到血液當中藉以維持血糖值。腎上腺素分泌量過多，就會易怒並具有攻擊性，導致變得容易抓狂、煩躁。

由此得知，並非只要有能量來源的葡萄糖就好，重點在「平穩安定地」傳送葡萄糖到大腦。再者，白砂糖會於代謝過程中消耗掉大量的維生素B_1與鈣質，枉費了這些重要的維生素與礦物質，因此希望至少於早餐時，盡量避免食用白砂糖。

提高專注力的豬肉、鰹魚、肝臟

稍早已提過，要讓大腦好好地運作，重點在攝取低GI值的主食並搭配離胺酸和維生素B_1的食物。然而要提升大腦反應的續航力，換句話說就是提高專注力，就必須依靠「鐵質」。鐵質含量若不足，就無法供應細胞足夠的氧，大腦會呈現缺氧狀態，致使智商低落、專注力的持久度不長。鐵質對於正處成長期運動量大的孩童而言，為特別容易欠缺的營養素，因此應盡量讓孩子好好地攝取鐵質。

建議吃這些！

血紅素鐵

豬肉・牛肉・雞肉等

獸肉類

鰹魚・沙丁魚・鮪魚等

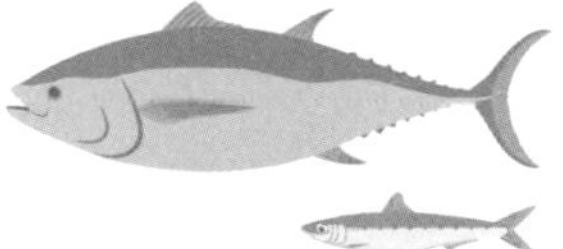

魚類（特別是存在於魚體側線皮下的血合肉部位）

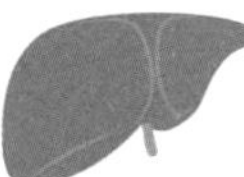

肝臟

吸收率
15～25%

非血紅素鐵

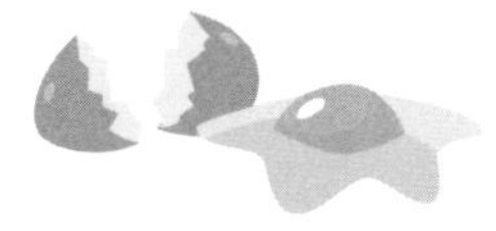

蛋

大豆・紅豆・可可等

豆類

小松菜・菠菜等

綠黃色蔬菜

吸收率
2～5%

從食物攝取鐵質時，鐵質的含量固然很重要，然而更須注意的是吸收率。無論是鐵質含量再高的食材，只要吸收率低，就無法充分攝取鐵質。

存在於食物中的鐵有兩種，一種是容易被人體吸收的「血紅素鐵（動物性鐵）」和「非血紅素鐵（植物性鐵）」。

日本人從飲食攝取的鐵質有超過85%以上屬非血紅素鐵，然而血紅素鐵和非血紅素鐵的吸收率截然不同。血紅素鐵的吸收率為15～25%，非血紅素鐵為2～5%。因此，應盡量攝取吸收率高的血紅素鐵。

再者，吸收率低的非血紅素鐵，也能透過搭配可改善非血紅素鐵吸收率的食材（營養素）來提高吸收率。例如，非血紅素鐵搭配動物肉類、魚類等蛋白質一同攝取，有助提高消化器官的吸收率，非血紅素鐵搭配維生素C一同攝取，就能轉化為容易吸收的血紅素鐵。

反觀非血紅素鐵，也有禁忌組合。綠茶中的單寧酸會降低原本就不高的非血紅素鐵的吸收率，應避免攝取非血紅素鐵的食物時飲用綠茶。

說個題外話，羊栖菜曾經因為含鐵

量高，被稱為「鐵質的國王」而風靡一時。然而相隔15年後的增訂版「食品成分表2015年版（七訂）」當中，羊栖菜的含鐵量已經大幅降低。這是由於製造羊栖所使用的鐵鍋被更換成不鏽鋼鍋，致使羊栖菜的含鐵量一口氣大幅減少。換句話說，羊栖菜所含的鐵質原來是從鐵鍋溶解出來。

所以再次重申，最重要的前提，就在均衡攝取多元食物。

3 成為享受運動樂趣的孩子

平日運動量大的孩童，可每日為其添加身體成長所需的營養素，以及攝取運動所需的必要營養素。依據運動項目、體格與練習量，須攝取的營養素和飲食量也不盡相同。

舉例來說，如足球和游泳這類能量消耗大的運動項目，培養耐力很重要，也有如空手道般需要鍛鍊爆發力的運動。在比平日活動量還大的日子，也需要幫助孩子修復肌肉和骨頭。

若要幫助肌肉修復，除了穀類，也須攝取肉、魚、蛋

要修復肌肉，攝取蛋白質相當重要。蛋白質為構成肌肉、皮膚、毛髮、內臟等身體的營養素，由約20種胺基酸組合而成。其中無法在體內合成，須從食物攝取的9種胺基酸被稱為「必須胺基酸」，可在體內合成的11種胺基酸則被稱為「非必需胺基酸」。每種胺基酸都很重要，其中有9種必須胺基酸尤為重要。為了攝取這些必須胺基酸，**並非單單攝取富含蛋白質的食物即可，蛋白質的「攝取來源」，才是重點所在。**

因此，著眼點在「胺基酸分數」。這是由聯合國糧食及農業組織（FAQ）與世界衛生組織（WHO）所提倡的數值，如同指標性的功能幫助了解存在於食品中的必需胺基酸之平衡。分數愈接近100分，就代表該食物愈能被稱為有良好均衡的必須胺基酸的食品。

如下頁圖所示，可想像各種胺基酸分別代表每塊板子，形成一個儲水桶。所有必需胺基酸量若皆足夠，水桶中的

水（蛋白質）就不會溢出（下圖左）。若是在這種狀態下，體內就可以製造充足的蛋白質。

然而若有其中一種胺基酸量不足，舉離胺酸為例，不足的高度就如下圖右，僅能蓄水（蛋白質）至離胺酸板子的高度。換言之，一旦有一塊板子長度較短（其中有一種必需胺基酸含量較少），就僅能製造出這麼一點蛋白質。

均衡的必須胺基酸很重要

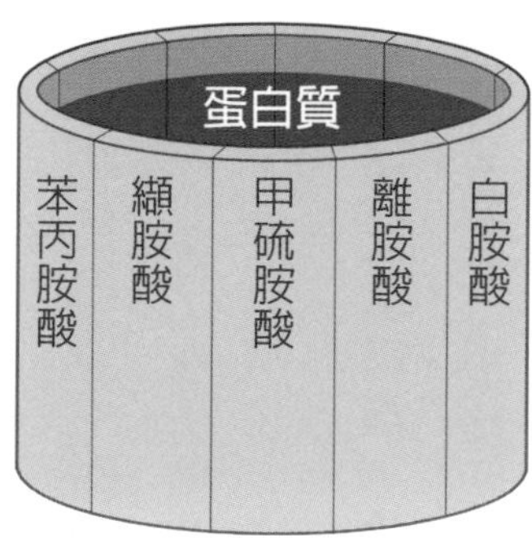

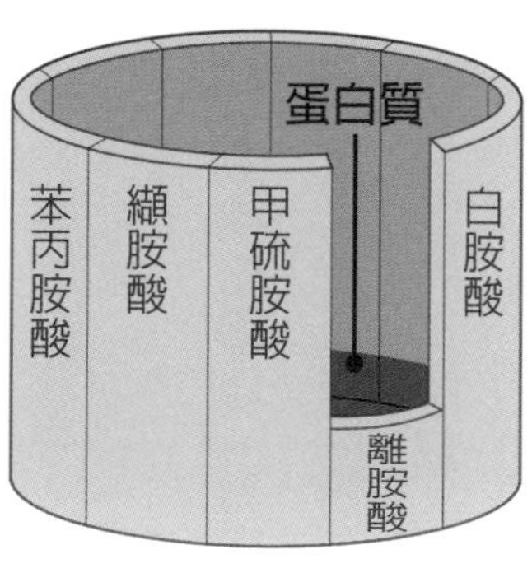

胺基酸分數以肉、魚、蛋等為高

食材	分數	食材	分數
雞肉、豬肉 牛肉	100	加工乳酪	91
雞蛋	100	馬鈴薯	68
竹莢魚、沙丁魚、 鮭魚、鮪魚	100	白米	65
牛奶	100	麵包	44
大豆	100		

如同這樣，所有9種必須胺基酸含量均衡，胺基酸分數就會提高，能於人體內製造足夠量的蛋白質。請參閱上圖胺基酸分數的代表食材。

胺基酸分數大致上以肉類、魚介類、蛋、奶製品的分數高，穀類和薯類等有許多未滿100分的食材。切記不要只偏重單一食材，應相互搭配攝取，胺基酸分數就可接近100分。

舉例來說，御飯糰配豚汁（豬肉蔬菜味噌湯），就能攝取白米不足的離胺酸必需胺基酸。只要把果醬吐司改成火腿起司吐司，胺基酸分數就為變成100分。

柴魚片、魩仔魚、櫻花蝦、鮭魚香鬆等，皆為能簡便補充蛋白質的推薦食材。直接灑在飯上，或添加在雞蛋捲和拌菜中，是萬用的好食材。納豆和水煮蛋也能迅速端上桌，可增添於平時食用的菜餚當中，相當方便。

要這樣聰明攝取蛋白質，選擇胺基酸分數高的食材固然重要，然而即使是分數低的食材，只要搭配其他食材食用，就能改善胺基酸的分數。

順道一提，我並不推薦市面上有一種能有效攝取蛋白質的「乳清蛋白粉」，甚至最近還推出兒童專用的乳清蛋白粉。相較之下，蛋白質已經算是比較容易從日常飲食中攝取的營養素，而且正值成長期的孩童除了肌肉之外，所有神經和內臟等器官都在發育成長中，只把重心放在肌肉而攝取高濃度的蛋白質，著實令人存疑。要均衡攝取其他營養素，從日常飲食均衡多樣化攝取是最有效的方法。

成人偶爾會因為想要增加肌肉，卻去掉醣類拼命攝取蛋白質。然而醣類會消化吸收蛋白質再將其轉化成肌肉的燃料，是相當重要的營養素。一旦人體內的醣類含量不足，構成肌肉的胺基酸就會分解並轉化成醣類使用。若要增加肌肉，切記醣類也是不可少的營養素。

培養耐力的御飯糰、香蕉

要培養長時間運動的耐力，「肝糖」是必要的物質。這是在人體內暫時儲存能量的物質，須防止半途耐力耗盡。由於人體會將葡萄糖合成為肝醣，因此要培養耐力，攝取碳水化合物（醣類）是相當重要的一件事。

碳水化合物（醣類）被吸收消化轉化為肝糖需要一定的時間，而且每個食品所需的時間各有不同。又由於體內的肝糖儲存量有限，無法一次大量攝取就能全部吸收，會變成體脂肪儲存於體內。因此，隨時攝取碳水化合物（醣類）極為重要。

從用餐到運動若時間至少間隔2小時以上，食用一般的餐點無妨，然而若間隔只有1小時，可以補充御飯糰和香蕉等以主食和水果為主的食物。距離運動開始還不到30分鐘的話，可以補充果凍或運動飲料等液態的東西，迅速攝取肝糖。

鍛鍊爆發力的魚類、海藻、豆類

講求爆發力的運動，重點在能迅速正確地運動肌肉。神經傳導物質必須快速傳送指令，想要提高這項運作效能，就得好好攝取含鈣質及鎂等礦物質。鎂富含於魚介類、海藻類、豆類等多元食材的營養素，幾乎不含於加工品，特別需要留意。神經傳導物質是由蛋白質、維生素B群形成的，要連同這些營養素一併攝取。維生素B群富含於胚芽米等穀類和豬肉等食材，已於p.23詳述。此外，由於鉀有維持肌肉正常收縮的作用，能防止訓練中引起的肌肉痙攣。

要強健骨骼，應攝取牛奶和菇類

從事激烈運動的時候，須多攝取鈣質。骨骼，是由一種叫做膠原蛋白的蛋白質形成膠原纖維，鈣質附著於膠原纖維所組成。因此，要強健骨骼，必須攝取蛋白質和鈣質。

由於鈣質被認為是難以從日本料理攝取的營養素，應積極把小魚和起司等食物當做點心食用。為了有效攝取鈣質，並非只要攝取富含鈣質的食品就好。重點在連同幫助鈣質吸收的維生素D和鎂以及結合膠原蛋白與鈣質的維生素K一起攝取。

富含維生素D的食材，舉例來說，有舞菇、香菇等菇類，魩仔魚和秋刀魚等。**由於日曬會增加維生素D的含量，即使是同樣的香菇，經過日曬的乾香菇其維生素D含量會比生香菇來得高。**順道一提，有骨骼因日照變強健一說，是由於皮膚照射到紫外線的時候形成維生素D的緣故。而維生素K富含於菠菜等深綠色蔬菜和納豆。由於維生素D與維生素K皆為脂溶性維生素，因此可透過炒物、淋醬的方式一同攝取，均能獲得不錯的效果。

零食和速食食品上標示著含有「磷酸化合物」的磷酸鹽和磷酸鈉。這種磷酸化合物會吸附在鈣質上，並將鈣質原封不動地排出體外。好不容易攝取了大量的鈣質，卻因攝取了磷酸而變得毫無意義，務必留意。

4 成為不缺課的孩子

在我舉辦的食育講座當中，經常有媽媽們提出「要如何提升孩子的免疫力？」、「要怎麼做才不容易感冒？」諸如此類的問題。

提升免疫力＝改善腸道環境

最近常常聽到免疫力這個詞。提升免疫力＝不容易生病。我察覺到感冒生病的時候，盡量不想依賴藥物治療這種想法的人數增加了。

所謂的免疫力，是保護我們身體遠離疾病威脅的必備能力。為了不要生病、健康地過生活，提高免疫力為不可或缺的一件事，而「腸道」則掌管了多數的免疫功能。

腸道內存在了許多細菌，分成善玉菌（好菌）、惡玉菌（壞菌）及日和見菌（不好也不壞）三種細菌。善玉菌保持腸道內的酸性，抑制有害細菌繁殖，形成人體必需的維生素B群和維生素K，維持免疫功能正常。

而惡玉菌雖為改善腸道必要的菌，

一旦數目過多就會產生毒素和臭氣，降低免疫力，也容易引發感冒或食物中毒之類的感染疾病。

日和見菌則是腸道內數目最多的菌，有為數眾多的種類，由於非善亦非惡，會向善玉菌或惡玉菌數目較多較強勢的那方靠攏。為了維護腸道環境，善玉菌和日和見菌的數目要多，惡玉菌的數目要少，最理想的比例是善玉菌：惡玉菌：日和見菌＝2：1：7。

如同上述，改善腸道內細菌的平衡，就是改善腸道環境，對想要提高免疫力、成為不缺課的孩子而言相當重要。

腸道是「第2個大腦」

改善腸道環境，其實對大腦也是一件極為重要的事。大腦是神經匯集的部分，腸道同樣也擁有獨立的神經系統，被稱為第2個大腦。大腦與腸道會透過神經系統雙向傳達訊息，彼此相互影響，稱為「腦腸軸線」。以因為壓力大而腹瀉為例，就是大腦透過自律神經刺激腸道的緣故。最近甚至顛倒過來，有腸道環境影響大腦功能一說，目前正在進行此一研究。

究竟要改善對免疫力和大腦而言都很重要的腸道環境，應攝取什麼樣的食物才好？首先最重要的是須從外界攝取乳酸菌和比菲德氏菌等被稱為善玉菌的益菌。

只不過每天要在飯桌上思考「這個食品含有善玉菌，那個食品有日和見菌」實在很傷神，**因此我建議吃「發酵食品」，因為發酵食品富含善玉菌與日和見菌，就算是菌類發酵結束後死亡，對腸道內細菌來說，也被視為是很好的養分。**

發酵食品，透過發酵增加各種營養價值（必須脂肪酸、必須胺基酸、維生素、酵素等），於發酵過程中也能分解有害物質。

日本料理是植物性發酵食品的寶庫

日本料理當中，有味噌、醬油、麴（以上三種皆含麴菌、植物性乳酸菌）、納豆（納豆菌）、醬菜（植物性乳酸菌）等琳瑯滿目的植物性發酵食品。另一方面，優格（動物性乳酸菌、比菲德氏菌等）、天然乳酪（動物性乳酸菌等）、發酵奶油

（發酵牛油cultured butter）等屬於動物性發酵食品。長黴菌的柴魚片（譯註：長黴菌是製作柴魚片的重要過程）也屬於發酵食品。

常有持續喝特定的乳酸菌飲料可以對抗流感一說。然而腸道內細菌的狀態因人而異，又由於乳酸菌的種類五花八門，未必會顯現效果。於每日飲食當中均衡攝取各種發酵食品即可。

近年來，於醬菜、醬油、韓式泡菜當中加入添加物以人工方式停止發酵，或調味成發酵食品風味的食品正在增加。若未經仔細發酵，乳酸菌就無法存活生長，須注意包裝和食品原料標示，最好購買遵循古法製作的發酵食品。

要改善腸道環境，須與作為腸道內細菌食物，含有食物纖維和寡糖的食材一同攝取。在此該注意的是食物纖維分成水溶性食物纖維和非水溶性食物纖維。若只拼命攝取牛蒡和芹菜等非水溶性食物纖維的食物，糞便就會變硬，進而容易堵塞腸道，因此須盡量均衡攝取水溶性食物纖維和非水溶性食物纖維。

絕大部分的食品，以非水溶性食物纖維量多過水溶性食物纖維，然而麥片卻是水溶性食物纖維量多過非水溶性食物纖維的稀有食材。

有助提升孩童免疫力的寡糖

低聚果糖…洋蔥、蘆筍、牛蒡、香蕉

木寡糖…竹筍、玉米

低聚半乳糖…牛奶

大豆低聚醣…大豆、黃豆粉等大豆產品

寡糖存在於各式各樣的食材當中，其中市面上有販售從食材提煉成糖漿狀的商品，我還是建議購買粉末狀高純度的寡糖。只不過由於熱量偏高，所以應注意不要攝取過量。

改善腸道環境的重點在不要增加惡玉菌的數量。惡玉菌的營養來源為蛋白質和脂質。換句話說，高蛋白、高脂質的歐美式飲食生活，並不利於腸道。因為屬發酵食品卻拼命依賴起司和發酵奶油等食品，就會本末倒置，須特別留意。

發酵食品也能幫助兒童消除便秘

最近兒童便秘的情況增加而漸漸成了問題。比對功能性胃腸疾病國際準則「羅馬準則Ⅲ」對便秘的定義，發現每6名小學生當中就有1人有便秘情形，每3人當中就有1人有便秘情形或便秘的預備軍。約有近半數有便祕情形的學童不曾向人諮詢過，似乎也有許多父母未能掌握到孩子的便秘狀況。

再者即使不是慢性便秘，幼兒也會因為流汗而導致體內水分流失，因此在夏季會出現有暫時性便祕的孩子。善玉菌數量愈多，形成善玉菌的有機酸會刺激腸道，進而消除便秘，因此攝取發酵食品、食物纖維和寡糖等有助於改善腸道環境。

預防感冒

那麼除了改善腸道環境以外，例如，在感冒流行等季節應該注意什麼才好？

與其從檸檬水攝取維生素C，不如從蔬菜攝取

舉例來說，感冒是由各種病毒感染引起的發炎症狀，發炎時會提高基礎代

謝，不止維生素與礦物質，連蛋白質的消耗量都會增加，因此均衡補給營養尤為重要。

特別是維生素C在病毒入侵時，能強化白血球的作用提升免疫力，是極為重要的營養素。只不過維生素C是個難搞的傢伙，因此必須注意攝取的方式。請參閱p.17的詳述。

預防感冒須攝取比平日所需的維生素更多的量。有人會喝檸檬水來預防感冒，可惜這種程度的維生素量無法達到預期效果。

市面上有許多零食點心和果汁會添加維生素C，口味酸又呈金黃色，讓人產生以為似乎有效的感覺。然而維生素C原本是透明無色，還會因震動和光線被破壞，添加了維生素C的果汁等究竟還剩下多少維生素C含量，實在令人存疑。平時盡量從食材攝取，就能跟著攝取到其他的營養素，何樂而不為。由於維生素C於2～3個小時後就會被排出體外，所以應留意隨時勤加補充。

給腸胃不好和鼻腔黏膜脆弱的孩童吃「黏糊糊的食品」

要強化黏膜，應該要多攝取維生素A、蛋白質和黏蛋白。維生素A存在於多數肉類，特別是肝臟類，富含更多的微生素A。

黏蛋白為人體原本就具有的成分，存在於腸胃和鼻腔等黏膜。黏蛋白能保護黏膜預防感冒，存在於如納豆、秋葵、滑菇等黏呼呼的食材，腸胃不好的孩童吃了含黏蛋白的食物，就能保護黏膜。

蔬菜有「生長點」，芯部和葉子部位也要給孩童食用

要攝取維生素與礦物質，食用營養滿分的季節食蔬有不錯的效果。此時希望大家能先記住的是「蔬菜的生長點」。

植物在收割後仍有生存能力，會不斷重複細胞分裂。細胞分裂的部位在各種植物的根莖尖端，稱為「生長點」。

買回來放得有點久的蔬菜，例如，白菜的切口處長出茂盛的菜葉、洋蔥的頭頂發出黃綠色的芽，都是因為有生長點的緣故。若是在收割前，植物會從土壤吸收營養成長，然而收割後若放任生

長點不做處理，植物為了生長會逐漸消耗自己本身的營養，因此蔬菜買回來之後，須先把生長點切掉。

舉例來說，白菜和高麗菜等結球類的營養使用部位在芯部，白蘿蔔和胡蘿蔔等根菜類在菜葉，因此在買回家之後，應立即切開芯部和菜葉的部分。被切開的生長點也是營養豐富的部位，也應給孩子食用，切勿捨棄。

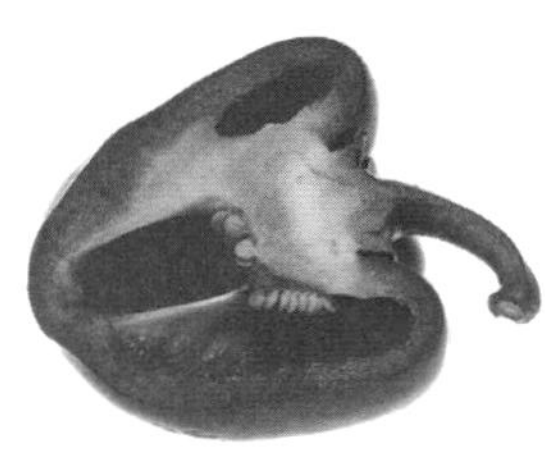

成為主動幫忙的孩子

現在是夫妻共同分擔家事是理所當然的時代。我希望不分男女，大家都能進廚房盡情動手做菜。因此，也該讓孩子打從幼兒時期就開始在廚房幫忙。

我也聽到過「咦？從幼兒時期開始在廚房？」這樣的聲音。要讓幼童幫忙做菜的確並非易事。大人做菜時較不易弄髒廚房，也較不費時。連我自己也在日常生活當中深切感受，特別是雙薪家庭，平日從回家後一直忙到上床睡覺前，真是一刻都不得閒。

因此我建議和孩子一起做週末的早餐和點心。從幼兒時期開始幫忙，有下列優點。

讓孩子從幼兒時期幫忙的優點

①成為關心食物的契機

關於幼兒、學齡期的飲食，父母的最大煩惱是孩子食量太少與偏食的問題。的確若從營養層面考量，我能體會這種心情，然而只要孩子在成長過程中，能逐漸多吃一點即可。沒有比「享

受吃飯的樂趣」更重要的事。

要享受吃飯的樂趣，和孩子一起下廚做菜可帶來極佳的效果。孩童有會愛上與快樂回憶相互聯結的食物的傾向，即使不是愛吃食物，只要與快樂的回憶聯結，或許就會因此愛上它。

況且越增加接觸食材的機會，就越能緩和孩童對該食物的戒心和抗拒。常有孩童用了自己不愛吃的食材做菜，即使討厭也因為是自己做的而在吃下肚時開始慢慢接受它。也有在餐桌上不願張口，叫他到廚房來「嚐嚐味道」，就願意張開大口吃的孩童。與其煩惱食量太少和偏食孩子的菜色內容，不如透過料理引起他們對食物的關心，或許離解決之道能更邁進一步。

② 提早對食物的自立時間

食物的自立，意指能自己使用工具做飯，也有「自己決定要吃的東西、由自己烹調」的含意。

平日忙碌到應該沒有讓孩子幫忙的餘力，可試著養成讓孩子幫忙做週末的早餐和點心的習慣。

透過每週少量逐漸累積的經驗，孩子會確確實實地學到做菜的能力。最快可在小學低年級的時候由自己決定菜色，能全部包辦所有料理。即使無法全部辦到，若能在週末早晨或父母晚歸的時候幫忙洗米、煮味噌湯，反倒是一件非常有趣的事。

③透過料理活化大腦額葉

額葉之於大腦，正如交響樂之於指揮家，是擁有總指揮統整性重要功能的地方。大腦額葉部位，會透過活化而成長。特別在做菜時會積極使用到大腦額葉部位。孩童於幼兒時期，透過捏麵糰、用擀麵棒橄麵糰、打蛋等行為，可

以活化額葉。

再者做菜會使用到五感。日常生活當中不易體驗到如很燙、表面凹凸不平之類的感覺，況且若不真正親手做菜，也無法體驗到從鍋子升起的撲鼻香氣。

首先可先從孩子想撒嬌進來廚房時，讓他觀看做菜的樣子開始。若孩子對做菜產生興趣，可拜託他們幫忙做些簡單的事看看。

儘管如此，仍有「不知道讓孩子幫什麼忙」、「孩子還小，要他們幫忙會不會太早」這類想法的人。因此，以下列舉出幾個孩童也能簡單做到的範例。

跨出幫忙的第一步

● 使用塑膠袋幫忙

將馬鈴薯沙拉、雞蛋三明治的主配料（水煮蛋和沙拉醬）、拍黃瓜等材料與調味料放入塑膠袋內綁個結後，交給孩子弄碎搓揉。既不必使用其他工具，也不會弄髒廚房，大人也樂得輕鬆。

● 用手幫忙

揉捏、搓圓

在地上或較矮的桌子上鋪一塊墊子，放上比薩的麵糰等餅皮讓孩子揉捏。揉捏的動作，能活化孩子的大腦（額葉）。

撕碎

把裝有高麗菜的碗放在眼前，示範撕碎高麗菜的樣子給孩子看，之後孩子應該就會默默地繼續撕碎。將撕好的高麗菜用奶油和醬油蒸炒後放上一個荷包蛋，或連同其他蔬菜和培根加入鬆餅粉內鍋煎，就完成一道早餐了。不只葉類蔬菜，也可以把孩子撕碎的麵包，沾上加了砂糖和牛奶的蛋汁，放入烤箱烤，就成了一道簡單的點心。

洗米

一開始要在電鍋的內鍋洗米，米粒會在換水時跟著流出來變得很難洗，因此可試試看用大碗和濾網洗米。

這裡有一個重點。由於幼兒期初期的孩童尚未能區分做菜與遊戲的不同，因此做菜時，即使只是搓揉塑膠袋，也要確實洗好手、穿上圍裙，營造出料理的氣氛。料理完成後立即吃，也是很重要的一件事。孩子完成的事即使多麼為不足道，也要讚美並向他說聲「謝謝」。孩子被誇獎、被感謝的時候所獲得的喜悅，可以培養出自信與自我肯定感。

習慣幫忙之後

拿菜刀（切）

一開始使用餐刀也無妨。習慣後可使用菜刀看看。刃長10～15公分左右恰好適合孩子的手掌大小。由於不銳利的菜刀需要花費額外的力氣才能切斷，因此相當危險，須特別注意。現在有許多市售兒童專用的菜刀。剛開始可先從蒸好的南瓜等能輕鬆切開的硬度開始。圓形的食材，父母可先協助切成孩子方便切的大小。使用砧板時，可於其下方鋪一條濕抹布止滑。一開始就要正確教導菜刀的拿法、擺法與切法，直到孩子習慣為止，應避免讓孩童獨自使用菜刀。

用叉子、湯匙等混合，用筷子攪拌

習慣幫忙之後，可將如日式涼拌芝麻菠菜這類只有1～2個步驟的工作交給孩子。從頭到尾獨力完成所獲得的滿足感，應該是獨一無二的。廚房作業台的高度，以孩子站立時手肘呈「く」字型最為合適。若台子太高，可準備腳踏凳，或在客廳的矮桌做菜也不要緊。

最重要的，是在孩子身旁守護孩子做菜，除了危險的工作大人可以伸出援手之外，過程中須忍住不要出手，就能逐漸培養出孩子的獨立人格。

家事不應全數由父母親手包辦，身為家庭的一份子，孩子應當共同分擔家事。最初只讓孩子招呼家人「飯煮好囉！」也好，漸進式分配任務給孩子，培養孩子主動親自參與飲食的習慣。

頭腦靈光 食譜集

Recipe

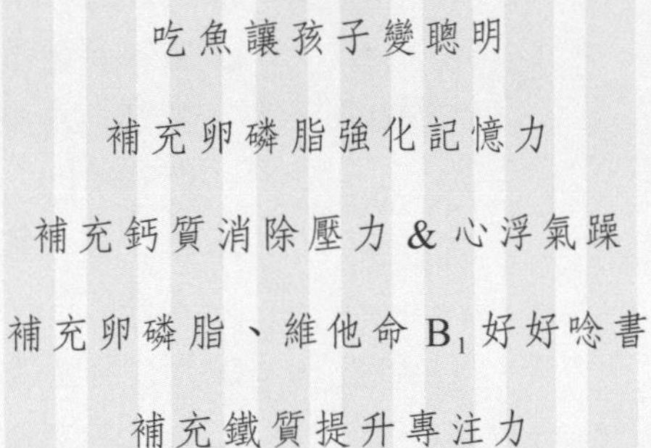

吃魚讓孩子變聰明

補充卵磷脂強化記憶力

補充鈣質消除壓力 & 心浮氣躁

補充卵磷脂、維他命 B_1 好好唸書

補充鐵質提升專注力

頭腦靈光

吃魚

讓孩子變聰明

番茄馬鈴薯燉煮秋刀魚

材料	份量
馬鈴薯	3個
洋蔥	1個
日式高湯	350ml
Ⓐ 油漬沙丁魚罐頭	70～80g
Ⓐ 油漬沙丁魚罐頭瓶內的油	約1大匙
Ⓐ 切塊番茄罐頭	80g
Ⓐ 醬油	1.5大匙
Ⓐ 味醂	1.5大匙
鹽	少許

❶ 馬鈴薯、洋蔥切成一口大小。

❷ 將馬鈴薯放入日式高湯，開火加熱。沸騰後再加入洋蔥，燉煮到軟化。

❸ 軟化後，加入Ⓐ混合，燉煮至水分稍微收乾為止。

❹ 用少許鹽調味。

POINT

請選擇瓶裝油漬沙丁魚罐頭。
火不要開太大。

* 材料份量若無特別標註，以大人2名 + 幼兒2名的預設份量為主。
* 份量標記： 1大匙=15ml、1小匙=5ml

蘿蔔泥煮鮭魚（霙煮鮭魚）

材料

鮭魚片（*）……4片
（*譯註：一整片鮭魚對切為2片）
小松菜……少許
蘿蔔泥……5公分長的白蘿蔔

Ⓐ
- 日式高湯……200ml
- 酒……1大匙
- 味醂……1大匙
- 醬油……1大匙

❶ 鮭魚片對切，抹上少許的酒和鹽，擦乾水分。

❷ 白蘿蔔磨成泥，用濾網濾乾水分後備用。

❸ Ⓐ倒入鍋中開火煮至沸騰後，將作法①排列於鍋中。將切成3公分長的小松菜也放到鍋中煮5分鐘。

❹ 最後擺上白蘿蔔泥。

鯖魚魚丸湯

材料

Ⓐ
- 鯖魚片……240g
- 醬油・酒・味醂……各1小匙
- 太白粉……1大匙又1/2

喜愛的青菜……2株
日式高湯……400ml
醬油……1小匙
鹽……少許

❶ 青菜用熱水汆燙後，切成一口大小。
❷ 將鯖魚去皮、去刺後，切成小塊。
❸ 將Ⓐ混合後，用手持攪拌棒或攪拌機打碎。若沒有攪拌工具，可用菜刀拍碎。
❹ 將高湯和醬油放入鍋中加熱，用湯匙將作法③的魚漿塑形成球狀，放入鍋中煮熟。
❺ 用少許鹽調味。

梅肉煮秋刀魚

材料

- 秋刀魚……4條
- 醃梅子……3～4顆
- Ⓐ
  - 醬油……2大匙
  - 味醂……1大匙
  - 蜂蜜（或砂糖）……2大匙
  - 酒……80ml
  - 水……200ml

❶ 將秋刀魚去除內臟後，清洗乾淨。

❷ 醃梅子去籽後，用菜刀拍碎。

❸ 將醃梅子和Ⓐ放入鍋中開火加熱，稍微煮滾後試試味道，將秋刀魚平鋪排列於鍋中。

❹ 以小火煮5分鐘，連同湯汁一起裝盤。

❺ 與湯汁一同享用。

和風拿坡里水煮魚

材料

材料	份量
喜愛的魚（如鯛魚）	1條
日式高湯	200ml
酒	3大匙
花蛤	150g
金針菇	1/2包
小松菜	2株
迷你小番茄	8個
油	1小匙
醬油	1/2小匙
鹽	少許

❶ 去除魚的鱗片和內臟後，清洗乾淨。用廚房紙巾拭乾，灑上鹽。

❷ 蛤仔吐沙。金針菇切成3等分、小松菜切成5公分的長度、迷你小番茄對切成半。

❸ 平底鍋燒熱後抹上一層油，開中火將魚的雙面煎至呈金黃焦香色澤為止。

❹ 在作法③加入蛤仔、金針菇、小松菜、迷你小番茄、日式高湯和醬油後蓋上鍋蓋，以小火燉煮約7分鐘直至食材熟透為止。

❺ 用少許鹽調味。

STAUB

糖醋劍魚佐芡汁

材料

劍魚片（*）……4片
（*譯註：一整片劍魚對切為2片）

【糖醋醬】

Ⓐ
- 洋蔥末……小洋蔥1/2個
- 紅蘿蔔末……紅蘿蔔4公分長
- 薑末……1/2小匙
- 醋……3大匙
- 蜂蜜……2又1/2大匙
- 醬油……1大匙
- 鹽……1/3小匙
- 日式高湯……1大匙

【太白粉水】

太白粉……1小匙
水……2小匙

❶ 劍魚撒上少許的鹽和酒，用廚房紙巾拭乾。

❷ 將Ⓐ倒入小鍋子內開火加熱，稍微煮滾後熄火。加入太白粉水勾芡。

❸ 劍魚撒上少許的太白粉，用燒熱後抹上一層油的平底鍋煎至呈金黃焦香色澤為止。

❹ 裝盤，淋上作法②的芡汁。

POINT
預先做好多一點醬汁，很適合蔬菜與肉類！

夏威夷波客生魚飯

材料

鮪魚……130g
雞蛋……2顆
青花菜……1/3顆

Ⓐ
- 日醬油……1大匙
- 胡麻油……1小匙
- 蜂蜜……1/2小匙
- 蘋果……1/8片
- 炒熟白芝麻……適量

❶ 雞蛋和青花菜水煮到喜愛的硬度。

❷ 將Ⓐ全部放入大碗中混合，加入切成塊狀的鮪魚，攪拌均勻。

❸ 用手隨意地剝碎水煮蛋和煮好的青花菜並置入盤中。

❹ 在作法③的空隙放上作法②，淋上剩餘醬汁。

青江菜蝦仁蛋花烏龍麵

材料

剝殼蝦……8隻
青江菜……1株
冷凍烏龍麵……4球
太白粉……少許

【沾醬】
洋日式高湯……400ml
醬油……5大匙
味醂……5大匙
雞蛋……3顆

❶ 蝦子撒上少許鹽，用廚房紙巾拭乾，裹上薄薄的一層太白粉。
❷ 將青江菜切成喜愛的長度。雞蛋打入大碗中拌勻。
❸ 將沾醬高湯倒入鍋中煮沸，加入醬油、味醂，稍微煮滾後熄火。
❹ 燒另外一鍋熱水，依包裝指示時間煮熟冷凍烏龍麵，用濾網濾乾水分。
❺ 將青江菜放入作法③的沾醬燙熟，放入烏龍麵加熱回溫，淋入蛋液。

蕪菁醬拌醋味噌

❶ 蕪菁去皮，切成4等分，放入加了少許鹽的熱水中煮熟。
❷ 將醋味噌醬混和均勻後拌入蕪菁。

材料

蕪菁（大頭菜）……4個

【醋味噌】

味噌……1又1/2小匙
醋……1小匙
日式高湯……1大匙
砂糖……1/2小匙

花蛤番茄蛋花湯

材料

花蛤……150g
番茄……1個
雞蛋……2顆
日式高湯……400ml
蠔油……1小匙
鹽……少許

❶ 花蛤吐沙備用。
❷ 將花蛤和日式高湯放入鍋中煮至沸騰使花蛤開口。
❸ 將蠔油和鹽加入作法②調整味道。
❹ 將雞蛋打入大碗裡，加入少許鹽和作法③的湯汁1大匙，均勻打散蛋液。
❺ 切成塊的番茄加入鍋中，再將作法④的蛋液以繞圈方向緩緩倒入，熄火悶一下。

滑蛋豆腐豬肉丼飯

材料

豬肉片（涮涮鍋用）……180g
絹豆腐（*）……1塊
（*譯註：日式嫩豆腐）
雞蛋……2顆
奶油、薑末、醬油……適量
飯……適量

❶ 用廚房紙巾包裹豆腐，以盤子等重物壓在豆腐上約15分鐘後瀝乾。
❷ 豬肉片撒上少許的酒、鹽。
❸ 平底鍋熱鍋後，放少許奶油融化，快炒一下豬肉片至熟透後取出備用。
❹ 再加上少許奶油，放入薑和豆腐，邊炒邊把豆腐壓碎。
❺ 將雞蛋打入大碗中拌勻，加上少許醬油放入作法④，將豬肉放回鍋中稍微再炒一下。
❻ 將所有炒好的食材盛裝於白飯上，放上少許奶油，也可依個人喜好淋上醬油享用。

法式納豆魩仔魚鹹蛋糕

材料

牛奶……100ml
橄欖油……2大匙
起司粉……4大匙
雞蛋……2顆
納豆……1盒
洋蔥……1/2個
南瓜……50g
小松菜……1株
魩仔魚……2大匙
低筋麵粉……100g
泡打粉……1小匙
鹽……少許

❶ 洋蔥、南瓜、小松菜切成約0.3公分大小，以少許油快炒後放涼備用。
❷ 將牛奶、橄欖油、起司粉、雞蛋放入大碗裡混和均勻。
❸ 在作法②加入作法①、納豆和魩仔魚，仔細地混和均勻。
❹ 在作法③加入低筋麵粉和泡打粉，稍微攪拌幾下。
❺ 將作法④倒入塗上一層油的蛋糕模具（或舖上烘焙紙的模具），撒上魩仔魚。
❻ 以預熱180℃的烤箱烤30分鐘。烤至表面呈金黃色色澤後，用竹籤插入蛋糕拔出後沒有沾黏，即烘烤完成。

起司櫻花蝦山藥麻糬

*12小塊的份量

日本山藥……10公分長
（約200g左右）

Ⓐ
- 櫻花蝦……2大匙
- 切達起司……4大匙
  或其他起司略切成粗塊
- 蔥末……1大匙
- 醬油……1/2小匙

芥末（大人用）……適量

❶ 山藥磨成泥並置入大碗裡，加入Ⓐ拌勻塑形。

❷ 平底鍋燒熱後抹上一層油，將作法①排放於鍋中，雙面煎至呈金黃焦香色澤為止。

❸ 大人食用時，可添加芥末享用。

菠菜豬肉芝麻風味年糕湯

材料

豬肉片（涮涮鍋用）……100g
菠菜……1把
鴻喜菇……1包
麻糬……喜愛的量
（糙米製更佳）
黑芝麻糊……3大匙
黑芝麻末……2大匙
日式高湯……400ml
醬油……1/2小匙
鹽……少許

❶ 將菠菜切成5公分長，鴻喜菇切成3等份。
❷ 日式高湯放入鍋中加熱，放入豬肉片待煮熟後取出備用。
❸ 將菠菜和鴻喜菇放入鍋中煮熟。
❹ 將豬肉片放回鍋中，加入事先軟化好的麻糬、黑芝麻糊和黑芝麻末。
❺ 最後以醬油和鹽調味。

花生醬拌涮豬肉

豬肉片（涮涮鍋用）……150g
細絲白蔥……適量（喜好的量）

Ⓐ
- 無糖花生醬……1大匙
- 醋……1/2小匙
- 水……2小匙
- 醬油……1小匙
- 鹽……1/2小匙
- 蜂蜜等喜愛的甜味料……1小匙

❶ 燒一鍋熱水，沸騰後轉小火放入豬肉片煮熟。

❷ 煮熟後，以濾網濾乾水分後裝盤。

❸ 將Ⓐ攪拌均勻後，混入作法②的豬肉片。

❹ 依據個人喜好擺上細絲白蔥享用。

薑蒜醬燒雞肝

材料

雞肝……180g

Ⓐ
- 醬油……2小匙
- 味醂……1小匙
- 酒……1小匙
- 薑末……1/2小匙
- 蒜末……1/2小匙

牛奶……適量
油……1大匙

POINT
日本超市有販售已處理好成一口大小的雞肝，買回來只需沖洗乾淨，輕鬆不費力。

❶ 雞肝洗淨後，切成一口大小，去除血塊等雜質後，再次沖洗乾淨。
❷ 將雞肝浸泡在牛奶15分鐘以上。
❸ 用濾網將雞肝撈出後洗淨，再用廚房紙巾拭乾。
❹ 作法③的雞肝裹上少許的太白粉。
❺ 平底鍋燒熱後抹上一層油，將作法④排放於鍋中，以中小火仔細地煎熟雙面。
❻ 將Ⓐ攪拌均勻。
❼ 作法⑤的雞肝煎至熟透後，佐以作法⑥的醬汁，製造出醬燒色澤。

鹽醃豬肝

材料

豬肝……250g
麴……1小匙
（鹽麴、醬油麴、昆布麴等）
*如果沒有麴，以1小匙鹽、1小匙蜂蜜取代
韭菜……1/4把
麥味噌……1大匙

❶ 將豬肝和麴（可以鹽和蜂蜜取代）放入塑膠袋搓揉使其入味後，置入冰箱冷藏1～2天。
❷ 以較厚的鍋燒約1公升左右的熱水，水滾冒泡後，將沾滿麴的豬肝放入鍋中。
❸ 以小火煮約5分鐘。
❹ 熄火後，用毛巾包裹住整個鍋子，放置一晚。
❺ 將韭菜汆燙後切碎，拌入麥味噌。
❻ 從鍋中取出作法④的豬肝，取欲食用的量切片裝盤，擺上作法⑤享用。

韓式涼拌黃豆芽菜

材料

韭菜……1/2把
豆芽菜……1包

Ⓐ
- 白芝麻末……1小匙
- 胡麻油……1大匙
- 醋……1/2小匙
- 鹽……1/2小匙

海苔……適量

❶ 燒一鍋熱水，沸騰後將豆芽菜放入鍋中汆燙。加入韭菜燙熟，切成3公分長。

❷ 將作法①放在濾網上，擠乾水分。

❸ 拌入Ⓐ攪拌均勻。

❹ 食用之際，可加上用手撕碎的海苔。

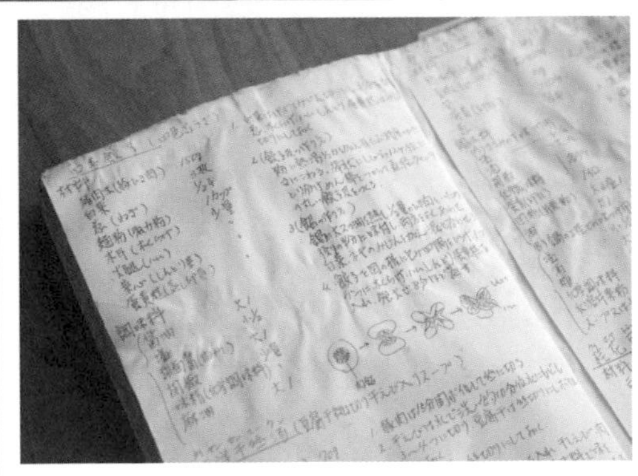

母親在我出生時製作的食譜筆記是全家人的寶物。至今我也以這本筆記爲參考，依自己的方式稍加調整做料理。請務必以本書所附的食譜集，加以變化做出屬於各自家庭風格的味道。

盡情攝取季節時蔬吧！

你能告訴孩子哪些蔬菜屬於季節時蔬嗎？最近的栽培方法五花八門，不是季節時蔬的時期，也能輕易地吃到想吃的蔬菜了。拜這些栽培方法所賜，飲食生活變得相當富足，令人心存感謝深感幸福，但是我仍建議使用當季食材做菜。下列爲季節時蔬的優點整理。

1 營養價質高

近幾年來，蔬菜本身的營養價值（維生素、礦物質）被指出有減少的現象。理由之一，是由於大量種植蔬菜的土壤之礦物質含量減少的緣故。比方說一般市售的菠菜之維生素C含量，只有50年前的3分之1。鐵質則減少到6分之1以下。其中同樣種類的蔬菜，又以當季的營養價值來得高。露地栽培是直接照射陽光，故較溫室栽培的維生素含量豐富，因此請選擇露地栽培的蔬菜。

2 肥料、農藥的使用量少

季節時蔬無須勉強栽種就能收割，肥料及農藥的使用量就少。因為在意殘留的農藥而將蔬菜的皮削得太厚，或長時間烹煮以便去除苦澀味道，如此一來營養也將一併流失。使用的肥料及農藥量愈少，就愈能省下不少功夫。

3 價格便宜又安全

使用的農藥量少就能省掉不少麻煩，等於能將價格控制在便宜的範圍內，可以讓人安心食用。

4 美味

季節時蔬保有蔬菜的原始風味。最近溫室栽培和水耕栽培等特殊栽培方法，抑制了蔬菜的苦味和特殊味道，甚至還增添了甜味，然而沒有比季節時蔬更能享受蔬菜原始風味。事實上討厭蔬菜的孩子正在逐年減少中，有一說是歸因於蔬菜本身已不帶原本的味道。或許蔬菜的味道變得容易入口是一件令人開心的事，但我仍由衷希望大家能更詳加認識蔬菜與生俱來的苦味等味道。

Chapter 02

如何培育大腦和培養味覺？

在思索**「想要培育出聰明的孩子」**時，認識培育大腦和培養味覺的方法是極為重要的一件事。原因在於若不給予大腦正值黃金發展時期所必需的營養素，就會抑制大腦發育。過了這段黃金時期之後就算給予充足的營養素，也無法力挽狂瀾（稱為大腦臨界期）。

關於味覺的發展，雖然仍有諸多不明的因素，然而為了培育出聰明的孩子，相當重要的一點是須將大腦與味覺合併起來納入考量。理由是無論大人給孩子多少有益大腦的食物，孩子若不吃下肚，一切都是徒勞無功。從充分攝取全方位營養的觀點來看，當務之急須解決孩子的偏食問題。

史康門生長曲線的發展、發育曲線

「史康門生長曲線」，有助於認識包含孩子大腦在內的身體發展。分為「一般型」、「神經型」、「生殖型」、「淋巴型」四個類型，以20歲為

100%，表示出各年齡的發育情形。

●**「一般型」**……身高、體重等全身測量值（不含頭圍）、呼吸器官、消化器官、腎臟、心臟、血管等

急速發展的成長巔峰共有2次，第1次在新生兒到幼兒期，第2次在青春期。

●**「神經型」**……大腦、脊髓、頭圍等

大腦的發展涵蓋於本區域。為人體最早發展的部位，從呱呱墜地開始神速的進行發展，4～5歲時就成長至約成人的80%，10歲過後將一口氣成長至幾乎100%。

史康門生長曲線

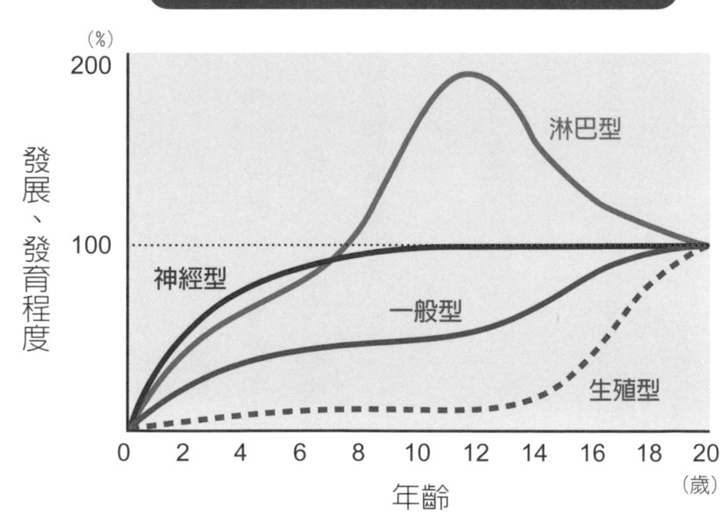

●「淋巴型」……胸腺、淋巴腺、扁桃腺等

幫助提升免疫力的扁桃、淋巴結等淋巴組織的發展。從出生後到12歲左右急速成長至比成人多達2倍，然而過了青春期後會回到成年人的標準。

●「生殖型」……卵巢、子宮、睪丸等

直至國小低年級為止僅發育一點點，自14歲開始急速發育。

如同這樣，身體各自的功能會在不同時期以極短的時間發展。有將該時期的發育曲線提升至最大幅度的必要。稍早說明了大腦發展的「臨界期」，於應該發育的時期，卻基於某些原因而阻礙正常發育，將對日後發育造成不良影響。因此嬰幼兒時期和學童期攝取的營養，足以左右未來身體功能提升的程度，扮演著舉足輕重的角色。

如何「塑造聰明的頭腦」？

每個腦神經細胞都有長條的「軸突」和複雜分岔狀的「樹突」，與其他的神經細胞交互連結，形成神經迴路。

形成的突觸多，就能「培育大腦」

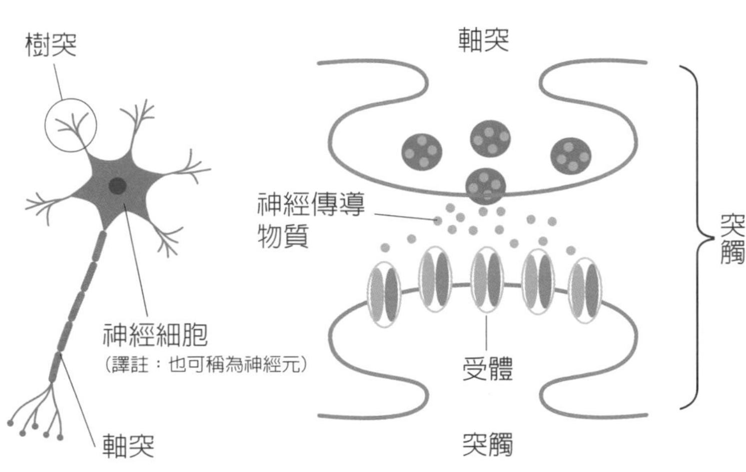

神經細胞彼此的交界處雖然相連在一起，然而於細胞之間尚有些微空隙處，稱為突觸。在突觸的軸突前端會釋放出球狀的「神經傳導物質」，旁邊的神經細胞會在樹突前端的受體捕捉釋放的神經傳導物質。神經細胞以這種方式傳輸神經傳導物質，使訊息得以傳遞至大腦整體。

身體細胞多會分裂增生，即使遭受破壞也有再生能力，然而腦神經細胞於剛出生時的數量最多，之後即使數量減少，也不再增加。

「培育大腦」，意指在神經細胞的

交界處產生大量突觸，神經細胞之間形成彼此交錯複雜的網絡。

神經傳導物質一經大量均衡釋放，突觸會分裂增加，神經迴路就會愈趨複雜。因此，由口進入的食物必須好好地製造神經傳導物質為首要關鍵。為了能順利傳遞訊息，需要保持神經細胞膜的柔軟度。受體周圍的細胞膜柔軟，就能增加捕捉神經傳導物質的靈活性。那麼就讓我們將孩童大腦的成長分為離乳期、幼兒期以及學童期來看看。

● 離乳期（形塑大腦）

關於新生兒出生時就已帶有約140億個神經細胞一說，眾說紛紜。成年人的腦重量約為1400公克，新生兒約為400公克。離乳期為大腦正值發育過程中的最盛時期，應充分攝取構成大腦要素的營養素，奠定孩子的「聰明腦」。

大腦約有60％是脂肪。位於大腦發展階段的離乳期和幼兒期的孩童，若大腦脂肪不足，不僅會使訊息的傳遞變慢，也足以影響神經細胞的發展。因此為了培育出聰明腦，應持續攝取「優質脂肪」。特別是神經細胞膜須攝取

Omega-3脂肪酸以保持柔軟狀態，才得以順利傳遞訊息。

● 幼兒期（形塑大腦）

歷經離乳期爆發性成長的大腦，在幼兒期就完成腦幹、大腦、小腦等基本構造。此時的腦重量已達1100公克，而且突觸的形成也已完成約成人的60%。幼兒期延續離乳期，正值大腦發育過程的最盛時期，因此需要優質的脂肪。

再者於長出第二乳臼齒的2歲半～3歲之間，孩童的咀嚼次數已大致底定，之後就不太容易再增加。事實上大腦與嘴巴有為數眾多的神經緊密相連在一起，好好咀嚼既能刺激大腦，又可改善大腦血液循環。幼兒期的孩童總是偏好烏龍麵等容易咀嚼的柔軟食物，若總是給孩子這類食物，就無法培養好好咀嚼的習慣，進而無法促進大腦發展。特別是在本時期，無關乎孩子是否喜歡，應給予有嚼勁的食物，培養咀嚼的習慣。

● 學童期以後（發揮大腦運作）

進入學童期之後，6歲孩童的腦重量大致上已達成年人的90%。就功能性層面而言，6歲孩童的突觸已形成約80%，到了10歲左右已形成95%以上，大腦已發展至與大人的大腦功能幾乎一樣的程度。換句話說，大腦的成長幾乎是在學童期就接近結束了，直至學童期為止，相信大家已明白是特別重要的關鍵期。

「很聰明」這句話，包含了各種含意。並不單純意味頭腦反應快，還意指須具備在課堂上專心聽講、做事細心不丟三落四、記憶力好及抗壓性高等狀況的各種適應能力，這些要素均由大腦掌管。

如何發展味覺？

至今已了解大腦構造與大腦的發展。緊接著讓我們來了解味覺如何發展吧。

人靠舌頭感知味覺。舌頭上佈有似草莓顆粒狀被稱為舌乳突的突起結構，每個舌乳突上方均有呈洋蔥狀的「味蕾」。味蕾中有呈束狀的味覺細胞，具有感知味道的功能。

味蕾存在著感知甜味、鹹味、鮮味、酸味、苦味的受體。從味蕾透過味覺神經向大腦傳遞味覺情報。由於這個受體因人而異，會出現對苦味或甜味敏感的人的差異。

由味蕾中的「味覺細胞」感知味道

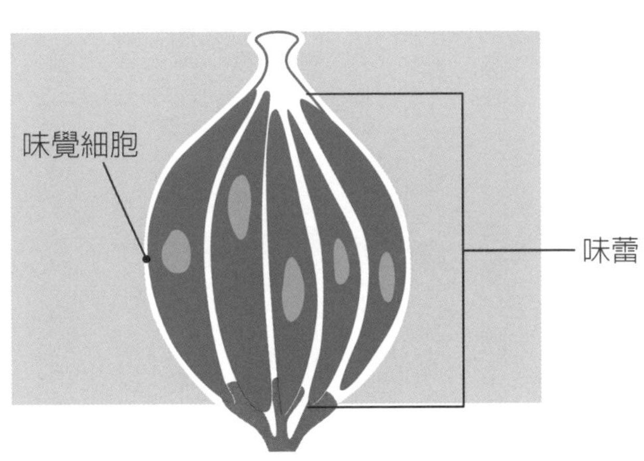

●離乳期（拓展味覺）

味蕾，是寶寶還在母親的肚子裡就已形成，新生兒約有1萬個味蕾，為一生中擁有最多味蕾數量的時期。

味覺最敏感的是剛出生的新生兒。原因在新生兒出生後無法自己拿取食物，因此必須判斷入口的東西是否對自己的生存有必要。當味覺變得較不敏感，開始接受各式各樣的味道約在出生後6個月左右，剛好是開始吃副食品的時期。

離乳期至幼兒期的孩童，最喜愛「甜味」、「鮮味」、「適度的鹹味」、「脂肪味」這些為了生存必備的味道。味道扮演訊號的角色，比方說「甜味」與「脂肪味」是通知有糖與脂肪等能量源存在的味道，「鹹味」是通知有礦物質存在的味道，「鮮味」則是通知有必需蛋白質存在的味道。孩童為了獲取身體必要的營養素，基於本能會喜愛這些味道。

相對地，孩童不愛的味道是「苦味」與「酸味」。「苦味」原本是一種警告有毒存在的味道，「酸味」則為通知蔬果「尚未成熟」或「腐敗」的味道。基於這些原因，孩童會本能的討厭苦味和酸味。由於蔬菜約有70％都帶苦味，因此孩童討厭吃蔬菜。

再者也有討厭陌生蔬菜的孩童，被稱為「食物恐新症」，為雜食性動物展現生存本能的警戒行為。簡而言之，就是對第一次吃的食物有警戒心。有別於紅色和橘色等暖色系蔬菜，特別是菠菜等冷色系蔬菜，外觀看起來就讓人本能地感覺是尚未成熟的蔬菜，故容易出現食物恐新症。雖然有孩子會在放進嘴巴裡時皺起眉頭吃，或把東西吐出來，一開始就算吐出來也沒關係，還是要不斷反覆給予。大約在2～3次後，有些孩子可能就會願意張口吃了。

儘管如此，幾乎所有離乳期的孩子吃東西都不挑食。將近1歲時會把任何東西都塞進嘴裡確認味道，因此離乳期可謂孩子願意開口的黃金期。趁開始出現挑食行為之前的離乳期，應盡可能地讓孩子體驗各式各樣的味道以拓展味覺。為能體驗品嚐食材原味的樂趣，須給予口味清淡、並弄成適口大小的食物。

一日吃3次副食品進展順利的話，約在1歲半長出第一乳臼齒後，就可切換成幼兒食物，2歲左右後可於食譜上多花點心思，讓餐點接近大人的口味。

● 幼兒期（挑食巔峰，培養飲食習慣）

幼兒期的孩子能開始辨識不同的味道，最晚會在2歲上下逐漸出現挑食的徵兆，開始討厭特定的食材。幼兒期前是以對生存是否必要的觀點來判斷吃或不吃，然而現在已能辨識五味，進而產生各種味覺喜好順位的結果。這種挑食行為能見於整個幼兒期，4歲達到巔峰，之後會開始減少。由於接近4歲時會萌生「雖然討厭，但我還是努力吃吃看」等願意接納矛盾的想法，父母多少會輕鬆一些。

幼兒期也會受心情影響，食量不定的情形也會增多。堅持食物的顏色，主張非白色的東西不吃，或對食物口感異常敏感。

唯有歷經過至昨日為止敢吃的食物突然變得不敢吃，或愛上原本很討厭的食物這些過程，就能明白孩童的味覺正在拓展，稱為「味覺巡禮」。幼兒期雖為父母對孩子挑食和食量不定最擔憂的時期，但畢竟這是一個成長階段，應展現耐心包容看待。

幼兒期同時也是確立「飲食習慣基礎」的重要關鍵時期。不僅飲食習慣，也是確立早上起床刷牙後出門，晚上到家後先洗澡或先吃晚飯等生活模式的時期。進入學童期後，也會持續這種基本的生活模式。

這種模式也能延用在飲食生活，例如，早餐要吃什麼？應該在什麼情況下吃什麼點心？食用量多少？孩子討厭吃的食物出現於餐桌上時的處置方法，以及咀嚼次數等，一旦養成各式各樣的飲食習慣，即使在孩子上了小學後想要改變，將變得更加困難。於本書第3章將會針對飲食習慣進行詳述。

● 學童期（喜好固定、挑食行為減少）

始於幼兒期的挑食行為，到了8～9歲會減少並同時固定下來。希望在固定下來之前，能克服孩童的挑食問題。克服挑食的孩童與偏食問題惡化孩童彼此的差異，取決於孩童參與家庭飲食文化程度的經驗。

小學高年級開始出現青春期的徵兆，感覺器官與身體一併產生變化。特別是嗅覺會產生變化，幼兒期熱愛嗜吃甜食的行為也會穩定下來。取而代之的是會開始尋求至今未曾渴望過的蔬菜的苦味和胡椒等的刺激。伴隨學童期的味覺變化，同時也是食慾大增、過食的時期，有可能會因心理因素導致飲食生活混亂。

孩童的大腦與味覺，主要由大人每日給予的飲食形塑而成。相信各位已經明白從出生至學童期是極為重要的關鍵。只不過並沒有因為在日常飲食生活方面下了點功夫，就突然不再挑食或頭腦變聰明之類的魔法。從做得到的地方開始，不要期待能立竿見效，須不厭其煩地努力下去。

如何培養爸爸的味覺

常常聽到母親們因為「為了孩子，我特別注意口味清淡的飲食，但是孩子的爸卻無法適應清淡的口味而向我抱怨」、「請教我培養老公味覺的方法」而唉聲嘆氣地向我求救。

味覺基本上並不會遺傳給孩子，然而「飲食環境」卻會傳承給下一代。更不用說，大人的味覺遲鈍與偏食行為會影響孩子了。

舉例來說，孩子若看到父母吃什麼都喜歡淋上醬汁或醬油，就會跟著模仿，這些吃慣了的味道就會成為「媽媽的味道」。

在父母討厭蔬菜或魚類的家庭飯桌上，就很難會有蔬菜或魚類的登場機會，孩子多半也會變得不愛這些食物。

那麼該如何矯正大人的味覺遲鈍？其實味覺會在刻意意識食物味道的過程中，慢慢產生變化。首要在專注於吃這件事，例如，應避免吃飯時邊看電視或猛盯著手機看。

吃飯時也可以增加與料理有關的話題。可試著在用餐時，針對正在吃的食物開啟「這道菜有加○○提味喔」或「今天的肉比較嫩耶」等話題。

由於味覺會習慣重鹹口味，因此可添加鹽以外的味道，如滿滿鮮味的日式高湯，無須加重鹹味，就能讓家人從味道當中獲得

滿足感。之後可試著與家人去超市，透過一起採購的過程中引起父親對食材的興趣，用「啊，這是剛才買的蔬菜呀！」等諸如此類的方式，將有助於父親於用餐時更容易捕捉食物的風味。期望大人能以類似這樣的方式，與正值成長巔峰期的孩子一起慢慢地培養味覺。

Chapter 03

依不同煩惱類別！親子攜手努力克服的食育法

Q1 早餐爲何重要？

　早餐為何重要？根據日本文部科學省國立教育政策研究所調查得知，有吃早餐習慣的孩童，學習和運動能力都比沒有吃早餐習慣的孩童來得優秀。

　這份數據，理所當然也受早餐以外的生活習慣等因素影響。孩童通常一天睡8～10個小時，由於有時從晚餐時間開始至隔日早上已經過了快半天的時間，因此早上起床時飢腸轆轆是稀鬆平常的事。儘管如此，起床後沒有飢餓感，恐怕與晚餐時間太晚、就寢前吃了零食點心，或睡眠不足有密切關係。也有父母自己不吃早餐，也不為孩子準備早餐等，受早餐以外的生活習慣與家庭環境等錯綜複雜因素影響的情形。接著將以早睡早起和改善熬夜生活，過規律的生活等為首要前提來說明。

　在大人的商業書中，可看到像不吃早餐比較好的意見。理由在於吃飯時為了消化，血液會集中到胃部導致大腦呈現缺血狀態而呆滯，進而降低中午前的工作效率。

然而，特別是孩童，只要有充分的睡眠，並不會在吃了飯後而想睡覺的狀況發生。不如說早餐對孩童而言，是三餐當中最重要的一餐也不為過。

會這麼說，是因為有二個理由。第一個理由是因為早餐是去學校前吃的。早餐的內容，深深影響到上午是否能全神貫注地上課。

第二個理由，是因為早餐是一家人容易齊聚在一起的時候。晚上因為工作或上才藝課等因素，恐怕難以全家相聚共進晚餐。早餐是能和家人一起吃的家庭會比較多。

吃飯並非僅在單純獲取營養，而是一個與家人交流的寶貴時刻，也是學習飲食文化與禮儀的好機會。在家庭結構核心化的過程中，家人各忙各的，現代社會若不刻意找機會與家人團聚於餐桌共餐，往往容易加速孤食化的現象（譯註：獨自用餐）。至少要努力讓家人能團聚在一起吃早餐。

早餐除了主食外，也應攝取豬肉、大豆和水果等

稍早已提過早餐足以影響在學校的

學習效率，接下來讓我們來看看早餐的內容。

與學習效率緊密關連的大腦。如第1章「成為課堂上全神貫注的孩子（p.21）」所述，大腦運作的唯一營養素為「葡萄糖」。大腦需要一種叫離胺酸的胺基酸與維生素B_1等營養素，才能有效使用葡萄糖。離胺酸富含於肉類和魚類等動物性蛋白質及大豆產品。說起維生素B_1，最為眾所皆知的就屬豬肉，也存在於穀類的胚芽部分及柑橘系水果。早餐不止要攝取麵包和米飯等主食，也必須搭配含有這些營養的配菜。

意識性地攝取低GI值的早餐，效果將持續到午餐過後

接下來讓我們思考一下主食。若葡萄糖是必須營養素，那麼「紅豆麵包」之類的點心麵包是否也可以當早餐，答案是否定的。

一日之始攝取的早餐（第一餐），若吃下低GI值（p.26）的食物致使血糖值緩慢上升，不止早餐過後，就連下一餐的中餐（第二餐）之後的血糖值也會被穩定抑制住，此現象被稱為「第二餐效應」。

舉早餐為例，吃了點心麵包等高GI值的食物後，血糖值會急速攀升，為了降低血糖值就會分泌胰島素，致使血糖值急速下降。這種血糖值的急速下降，對午餐後血糖值的上升造成不良影響，因此應銘記在心，要意識性地選擇低GI值的早餐。

具體而言，選擇白米不如選擇胚芽米，若選擇麵粉時請選擇全麥粉。若能聰明組合搭配「醋」、「食物纖維」、「乳製品（牛奶或起司等）」、「豆類（納豆等）」一同食用，可達到降低GI值的效果。

看似恐怕有點難辦到，與其吃紅豆麵包搭配喝蔬果汁，還不如吃糙米飯再加上前一天晚餐的主菜配菜，可以稱作「超省力」的優質早餐。

事先準備好的早餐建議食材

燕麥片

燕麥片是將蒸過的燕麥壓碎後乾燥製成，富含食物纖維。可添加於牛奶或熱開水中攪拌食用之外，也可撒一點於麥片或蔬菜湯中。也可和日式高湯相搭，加到味噌湯中也很美味可口。

切達起司

起司是可加到蛋料理中、擺在吐司上、加入湯裡、刨絲加到沙拉裡，或直接食用的萬能食材。尤其是切達起司不僅離胺酸含量豐富，也富含人體內無法合成的組胺酸，應積極攝取食用。

地瓜（番薯）

只要加一點點孩童最愛的薯類，他們的筷子就會停不下來。其中地瓜的GI值低於馬鈴薯，食物纖維與維生素C也相當豐富。維生素C原本就不耐熱，然而地瓜於烹煮的過程中，所含的澱粉質會糊化生成一層膜來保護維生素C，因此有加熱時維生素C也不易被破壞的優點。既有份量又有飽足感，為最適合作為早餐的食材。

納豆

大豆的營養成分原封不動地被保留下來，維生素B_2的含量為大豆加工前的2～4倍。

豆腐

大豆本身含有妨礙消化的水蘇糖，然而豆腐的纖維質不但少，吸收率又好，因此能在胃部尚未好好運作的早晨無負擔地食用。也可作為味噌湯的主料，或在前天事先在瀝乾水份的豆腐上淋點龍舌蘭蜜調合成些許的甜味，也可不調味直接食用。

想要低GI值的時候，最好攝取全麥麵包與胚芽米等食物，對沒有好好吃早餐習慣的孩童而言，恐怕會因為乾巴巴的口感而難以入口，此時可酌加前述有降低GI值效果的食物。

輕鬆簡便的方法就是食物纖維。例如，白花椰菜甘甜容易入口，是淡色蔬菜中食物纖維含量特別豐富的蔬菜（每100g含2.9g）。再者香菇與蓮藕也是富含食物纖維，隨手可得的食材。全麥麵包即使難以入口，若是全麥粉製作的麻糬或許更容易被接受。最近在超市也看得到全麥麻糬了。低GI值食品中最具代表性的食品為冬粉，可添加一點於平日的餐點、湯類或粥品中。

以輕鬆的心情無需傷神費力，請從孩子願意少量開口嘗試開始試看看。

為了吃早餐應養成的習慣

閱讀本書至今，已了解了早餐必

要的營養素與建議食材。儘管如此，仍有許多人難以擠出好好吃一頓早餐的時間。一旦熬夜，早上當然起不來，且剛起床馬上就吃飯肯定是吃不下。因此為了吃早餐，應思考一下下述重點。

① 提早20分鐘叫孩子起床

為了讓沒有時間好好吃早餐的孩子能吃早餐，首先須貫徹提早20分鐘叫孩子起床這件事。早點起床，透過日常的動作喚醒身體，就會比較容易吃得下早餐。

② 煮晚餐時，順道考慮隔日的早餐

趁著做晚餐的時候順便準備好隔日早餐，會比在早上才準備來得輕鬆。

雖已重覆多次提及，早餐真的只要簡單就好。將吃剩的晚餐擺在飯上，或納豆飯配味噌湯等，我家的早餐就是這樣簡單樸實。做晚餐之際，可花點功夫事先準備多一點當作隔日早餐的味噌湯或主菜。

③ 喝溫熱的東西

無論是味噌湯或白開水都好。即使早睡早起的人於剛起床時，也是呈現體溫低的狀態。喝些溫熱的東西，幫助暖暖身子使體溫上升。腸胃一旦開始活動，會比較容易吃得下早餐。

④即使吃得少，仍須培養吃早餐的習慣

早餐無須吃得太飽。重質不重量，吃得少沒問題，重點在攝取大腦必要的營養素。剛開始就算孩子肚子不太餓，也要培養讓孩子坐在餐桌的習慣。

Q2 應讓食量小的孩子吃什麼好呢？

與挑食一樣令父母傷透腦筋的是如何應對食量小的孩子。食量小的孩子分為四大類型。

❶純粹只是在「吃飯時間」還不餓的情況

沒有盡情消耗體力的時間，純粹只是肚子還不餓，或於餐前吃了太多點心。

❷「家長希望孩子吃的量」與「孩子實際吃的量」不一致的情況

家長每次盛裝了太多飯菜致使孩子無法吃完，就認定孩子食量小。

❸真的就是「食量」小的情況

食量小又細分為二種類型。一種是雖然不挑食，卻對「吃的行為」不感興趣，不被催促就不吃飯，在餐桌上也無法持續專注力。另一種則是極為挑食，敢吃的食物不多，吃飯速度也慢。

❹食量不定的一個環節，「現在食量小只是暫時性」的情況

食量不定為幼兒期特有的飲食行為。以數日為單位，不斷地重複上演吃很多和幾乎不吃的情況。有時甚至會以數個月為單位持續下去，也牽涉到環

境變化或其所伴隨的心理因素。若有因上了小學、弟妹出生或兄弟姐妹的入學考試等環境變化的情況，當務之急是安撫好孩子的情緒。

首先，有很多因為孩子的食量小，就責備自己給孩子吃飯的方式有問題的父母，但食量小是孩子的個人特性。胃容量大小及小腸腸壁吸收率因人而異，有需要吃很多的孩子，也有只吃一點就能有效率地吸收的孩子。不過只要花點巧思，就能讓原本吃不多的孩子願意張開口吃飯。

讓孩子肯乖乖坐在餐桌前的4個小秘訣

食量小的孩子原本就討厭乖乖坐在餐桌前。

① 指派任務給孩子

可指派幼兒期的孩子招呼家人齊聚用餐的任務，如「吃飯了」、「開動了」、「吃飽了」，或幫忙擺好筷子等任務。若是小學生，就請孩子積極幫忙擺盤的工作。

② 先洗澡，延後吃飯時間

有時吃完點心之後肚子會變得很撐，此時可先讓孩子洗澡，將吃飯時間往後挪。只不過必須避免睡前吃東西。睡前吃東西後血糖值上升的狀態下睡覺，睡眠品質會惡化，並且妨礙成長賀爾蒙的分泌。

③ 晚餐減量，早餐豐盛

努力讓食量小的孩子在早上好好吃飯。上小學後，有無吃早餐將影響孩子在小學的學習效率（參閱p.98「早餐為何重要？」）。為了讓孩子早上肚子餓，晚餐減量也沒關係。具體而言，晚餐可少吃米飯或麵包等主食，而且若能提早20分鐘起床，就能拉長從早上起床直至開始吃早餐為止的時間，誘發食慾。可準備蛋包飯或料多的味噌湯等，一道菜就能攝取豐富食材與營養素的早餐。

④ 少給點心，讓孩子餓肚子

因為孩子肚子餓，就以這個理由給予點心，之後的正餐當然吃不下。孩子不吃晚餐的最大元兇，正是傍晚的「點心」，如何控制點心的攝取極為重要。

讓孩子吃下肚的3個秘訣

①總之要確認容易入口的特性

要讓孩子吃下肚的鐵則，就是將食物弄成軟硬、大小、形狀適中容易入口的程度。直至小學低年級為止，已有許多不容易入口與食量小有緊密關連的案例。將食物弄得容易入口，孩子吃的量也將逐漸少量增加。使用孩子喜愛的卡通人物造型的盤子或叉子等餐具也能帶來不錯的效果。幼兒期的孩童會在大人意想不到的地方激發食慾。

②對孩子用正面肯定的言語

「為什麼不吃呢？」、「趕快吃」、「又沒吃完啊」這些都是禁忌字眼。食量小的孩子，會對自己只能吃一點點這件事懷抱著一種近似自卑感的情感。也有孩子在吃飯的時候，不知道為何母親在生氣。希望孩子多吃一點的時候，是否曾脫口說出很嚴厲的話呢？

「要不要像麵包超人一樣張開大嘴吃吃看？」

「吃了這個，肌膚就會像公主一樣細緻滑嫩喔！」

「說不定會長得跟鹹蛋超人一樣

高！」

向孩子說些孩子會願意張口吃的話吧。

請父母不要專注於孩子沒吃的食物上，應轉念到孩子已經吃下肚的東西上。若因為覺得孩子又不肯吃了而擔憂不已，用餐時間就會形成一股壓力。切勿碎念，促使孩子對用餐時間感到厭煩。可向保育園（譯註：日本提供雙薪家庭托兒服務的機構）或小學老師打聽，把握孩子在學校的用餐量。這麼一來，或許會發現原來孩子在學校多追加吃了一份補充營養的點心，沒想到孩子竟出乎自己意料地大食量也說不定。

③讓孩子體會到吃的喜悅

不要局限於一般的份量，應盛裝適合孩子本身的份量，讓孩子體會吃光光的喜悅。盛裝的份量要少，並於全部吃光光後誇獎稱讚孩子。告訴孩子「你好像又長高一點了喔？」，或說「如果把碗盤吃得清潔溜溜，就可以吃很多甜點喔！」然後給孩子比平日量還多的甜點水果。

記載於幼兒飲食書籍上的份量僅供參考。特別是在幼兒期，應貫徹執行孩子的食量由孩子自己作主，擺在餐桌上的菜餚種類則由父母決定的規則。切記盛裝孩子吃得完的份量，而非比大人少一點的份量。

在本章節的最後，還提供以自製香鬆為中心的食譜。即使孩子肚子馬上就飽了，也有只要是白飯就會努力吃的孩子，這時候可灑上自製香鬆於孩子的白飯上。市售香鬆多帶重鹹又濃烈的鮮味，添加物令人擔憂，可與孩子一起在家動手做能立即完成的自製香鬆。

重質不重量，應積極使用營養價值高的食材。同時也須講究食物的軟硬度、大小以及容易入口的食物品質。**食量小的孩子，以「容易入口的食物」為基本**。將食材切碎，攪拌煎烤的方式最省事又能攝取到營養，較能令人安心。

讓孩子有戲劇性的體驗

對於用餐這件事是否抱持著正面的印象，視用餐時是否有歡樂氣氛這種正面的經驗與記憶次數決定，因此須盡量增加孩子與食物連結的快樂記憶。特別推薦讓孩子有戲劇性的體驗，例如，和大家一起的BBQ烤肉，或是在海釣現場處理烹食釣到的魚等，餐桌外的非日常的生活體驗，皆能讓孩子留下與食物有關的快樂記憶。

食量小的孩子，有些到了青春期就變得食量驚人，因此無須感到焦慮不安。

請在不強迫孩子的情況下，度過難關。

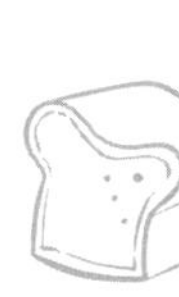

Q3 孩子很挑食，已束手無策

來向我諮詢的母親們，最多的煩惱非「挑食」莫屬。大多數的母親們是否正為孩子不知為何有不吃的食物所困擾？幼兒期和學童期的挑食，並不單指拒吃討厭的食物而已，還包括非喜歡的食物不吃，明明昨天吃了，今天卻不吃的「食量不定」，以及不在固定的時間，卻在喜歡的時間吃東西這些狀態。

挑食包含了諸多原因。因為過去吃了某種食物後嘔吐的不快經驗，導致內心蒙上一層陰影（稱為味覺嫌惡學習*），可能會把該食物的口味與味道刻印在記憶裡進而排斥它，也有可能因為在離乳期未曾品嚐過各種不同味覺的食物。或是想跟父母撒嬌，或正值叛逆期等心理上的根本因素，甚至也有可能隱藏著食物過敏或蛀牙等意外的原因。

大腦究竟是以什麼來決定對食物的喜好？若能明白箇中的原因，或許就能找出解決對策。

*譯註：台灣國家教育研究院的雙語詞彙、學術名詞的網頁也是顯示「味覺嫌惡學習」，故採用此說。

大腦決定食物喜好的機制

舉青椒為例，從未吃過青椒的孩子對青椒「毫無」情感。吃了一口放在生菜沙拉中的青椒時，一旦覺得「好苦、好臭」，青椒＝「不愉快」的腦神經迴路就會啟動運作。若是吃了青椒釀肉感到好吃，青椒＝「愉快」的腦神經迴路就會啟動運作。如上述，大腦以各式各樣的經驗累積為基礎，形塑出對於青椒的神經迴路。

而且，若不斷重覆接受某個特定的刺激，比方說在各式料理中吃了青椒，每次都覺得很臭，至今青椒＝「愉快」的腦神經迴路就會消失，獨留青椒＝「不愉快」的腦神經迴路，導致開始討厭青椒的結果。大腦就是這樣決定對食物的喜好。

在此極為重要的是腦神經迴路會藉由重覆的經驗變強壯，透過新的刺激重新形塑。**強迫討厭青椒的孩子吃以青椒為主角的料理，只會更加強壯青椒＝討厭的腦神經經路，根本徒勞無益。**

為了將青椒＝討厭（不愉快）轉變成青椒＝喜歡（愉快）或青椒＝普通的神經迴路，一掃對青椒的印象，有形塑新的神經迴路的必要。

解決挑食的方法

形塑新的神經迴路之際，要先記住人類感覺美味的要素，一言以蔽之，就是有不計其數形塑愉快的神經迴路的方法。

人類感覺東西是否美味，取決於食物的味道、溫度、氣味、口感等諸多要素。例如，舌頭感受的「味道」，竟出乎意料地僅僅占了決定美味要素的約10％左右，為了要感受到食物的「美味」，剛才舉的「味道」以外的要素竟然占了90%。將鼻子所傳遞的「氣味」、「口感」、「外觀」等訊息綜合起來判斷，更進一步的說，甚至還與料理以外的要素，例如，吃的人的健康狀態與疲倦感等「生理狀態」、喜怒哀樂與緊張狀態等「心理狀態」，以及吃的地方、時間、天候等「環境」因素有著密切的關係。

這些各式各樣的訊息從感覺器官進入大腦，形塑成綜合性的「美味」。

比方說大家應該都有去大自然野餐時，吃了平時吃的御飯糰，卻感覺更加美味可口，或心情緊張時卻感到食之無味的經驗。

尤其是孩童傾向於愛上在心情愉悅時吃下肚的食物，厭惡在討厭的回憶裡吃下肚的食物。換句話說，對孩童而言，「快樂」這件事與「美味」的關係緊密相連。因此若想減少挑食行為，料理食譜固然重要，然而努力營造讓家人食慾大開，感覺「好開心！好好吃！」的餐桌氛圍也很重要。

最糟糕的狀況就是「因為我這個孩子很討厭這個，所以不吃」而放任不管。讓孩子討厭的食物從餐桌上消失無蹤。這是由於感覺到食物很「美味」，多半是透過學習而來。

至今一直都感覺吃慣的甜食很美味的孩子，試吃了偶然在餐桌上出現的水煮菠菜而感覺「咦？真是意外的好吃！」。這就是「美味」的學習，可藉此拓展味覺的廣度。

有鑑於此，切勿以孩子不吃為理由，盡是端出孩子喜歡的食物，而讓討厭的食物從餐桌上消失無蹤。

改變食譜的份量或味道

如同上述，每天強迫孩子吃討厭的青椒釀肉，只會強壯討厭青椒的神經迴路，簡直就是徒勞無益。必須減少份量、改變擺盤、切法、烹調等方式，更新神經迴路。

孩子討厭的食物，須大幅降低其能接受的門檻。具體而言，在端出孩子討厭的食物時，只須給予如小指指尖大小的極少份量即可。當孩子吃下肚時，別忘了好好誇獎讚美。不妨試試看使用印有孩子喜愛的卡通人物的容器或叉子，也不失為一個好方法。

也可將孩子討厭的蔬菜做成濃湯或蔬菜果汁，降低其能接受的門檻。常有人詢問我，「做成濃湯或切碎混進去不讓孩子發現，有何意義？」，其實這麼做具有重大意義。

試著假裝若無其事悄悄地將青椒混到炒飯便當，讓孩子在未察覺的情形下吃完後，再坦承炒飯中其實加了青椒看看。「如果看不見青椒就不會太在意」的中立迴路就會被強大。緊接著又被父母或老師等信任的人說：「你終於敢吃青椒了呢！」，吃青椒這件事就會產生自我被肯定的愉快的刺激，增加克服青椒的可能性。

烹調法中，苦味的特徵若可以將之與鹽味和脂肪味混和在一起，就不容易被察覺出來。請參考附於本章節末的食譜，讓孩子能更容易入口。例如，討厭燉煮蔬菜的孩子，反倒不要將蔬菜燉煮到爛，應留下較大塊的蔬菜形狀，或切得細長的蔬菜不方便吃，則改變切法切成方塊狀等，父母親有必要多花點巧思。

營造快樂的用餐氣氛

孩子一旦有討厭吃的食物，父母多半會說些「給我全部吃完！」等這種強制性的言語，往往容易在孩子心裡留下負面的記憶。與其將討厭的食物端上餐桌，倒不如在廚房裏讓孩子嚐一口試試味道，或讓孩子自己動手做料理，更能激發孩子吃的意願。即使不敢馬上吃，經過多次重覆嚐試後，孩子會覺得「咦？我好像沒那麼討厭它」的那天應該會到來。

在孩子幫忙之際，與其指派一開始的洗、切食材的程序，建議不如指派孩子最後的攪拌、調味、擺盤等程序，更能獲得完成任務後的成就感與喜悅。

不做出任何烹煮方式孩子都不接受的食材

即使有討厭的食材，只要換成炸物或濃湯等調理方法就敢吃那就過關。尤其幼兒期為最會挑食的時期，首先要把目標放在不做出任何烹煮方式孩子都不接受的食材。讓孩子認識各種不同味道，豐富其味覺後，自然而然就能克服挑食行為。

挑食是感受性豐富的證據

會挑食，代表孩子有特別豐富的感

受性。表示能好好地感覺食物的味道並查覺到各式各樣的味道、氣味和形狀的證據。

我個人認為如果有一、二種討厭吃的食物，這是完全沒有問題的。我小時候最討厭青椒與洋蔥，日後卻在不知不覺中愛上它們。這就是我認為有一、二種討厭吃的食物完全沒有問題的理由。

我在講座上，向大家傳授如何克服孩子的挑食問題，這是我想減輕父母每日面對孩子餐事的精神負擔。由於食材種類琳瑯滿目，靠其他的食材彌補營養即可。只不過若是討厭的食物過多，毫無想要挑戰吃吃看的想法，就會白費了世上有如此衆多的美味食物，實在有點可惜。

重點在於不斷摸索、不厭其煩地等候，直至孩子自然而然地油生「吃吃看」的念頭而接納該食物的那天為止，絕對不可強迫。

況且其中也有極度挑食卻無法克服的孩子，也有原本就對吃這件事絲毫不感興趣的孩子，這些都屬孩子的個人特質。除了吃這件事，人生還充滿著美妙的樂趣與喜悅，無須太急於求好心切，應放鬆心情耐心克服。

放任孩子暴食，也沒有關係嗎？

離乳期至幼兒期初期為止，由於大腦的飽食中樞尚未發育完全，常會放縱食慾而暴食。這種情況下的孩子，尚未有自己吃太多的感覺，因此家長可讓孩子知道續加飯菜的量，或於吃飽後讓孩子手握牙刷表示用餐已結束。告知孩子：「你已經吃了好多呢！」之類的話，也能發揮不錯的效果。

食慾驚人的孩子，旺盛的食慾幾乎都是暫時性的，過一陣子就會緩和下來。這是由於孩子會察覺自己的視野變寬廣，明白人生除了吃東西以外，還有更多快樂的事做。原本食慾驚人的孩子變得不吃東西了的狀況有很多母親們會很擔心，因此可先記得孩子在4～5歲時，食慾會有開始緩和下來的狀況。

若認為孩子有吃太多的情形，首先可以檢視卡普指數（幼兒）、羅列指數

（學童期）及BMI（高中生以上，身高體重指數）。也可參考兒童健康手冊或學校紀錄的成長曲線，只不過這些指數僅為參考「指標」。

檢視結果若發現有肥胖情況，改善飲食生活固然必要，若①在標準體重範圍內、②餐後沒有嘔吐等不適情形、③吃了很多的「正餐」而非點心糖果的話，就無須將暴食這件事看待的過於嚴重。

即使孩童到了4～5歲，在吃飯時未充分咀嚼，大腦會不太容易感覺到飽足感，都還會有吃太多的傾向。咀嚼不僅能預防暴食，更為此時期所應培養的關鍵飲食習慣。我將於p.131「吃太快、吃太慢」進一步針對咀嚼詳加說明。

學童期的孩童食量雖因參加社團活動或上才藝課而異，每日都有著相當大的運動量。在盡情活動身體後肚子感到飢餓進而吃得很多的現象，為健康的證據，無須過於擔憂。

壓力性暴食的罕見情況

然而有一個因壓力引起暴食的罕見情況。孩子希望藉由撒嬌來引來大人的關注，或感到有厭煩的事、感到力不從心時，會透過吃下大量食物來獲得心靈上的滿足。在這個節骨眼，嘮叨孩子吃得太多或限制食量前，應先確認自己孩子的食物內容與飲食方法。

首先須檢視孩子吃很多的是肉類、魚類、米飯或麵包等主食，亦或所有食物都吃得很多。特別容易過量的是肉類，大人的適當食用肉量約為1個拳頭大小，兒童約為半個拳頭大小。炸雞塊等炸物往往容易不小心吃得太多，須特別注意。可試試看預先決定食用量，或做比平日還少的量，使用脂肪量較少的雞胸肉也不失為一個好方法。

同時也須盡可能地增加食品種類，食物纖維豐富的蔬菜、香菇、豆類都是聰明的選擇。或許會有人覺得，光想到要增加食品種類就備感負擔沉重，然而方法其實很簡單，只要添加納豆或烹煮豆類於餐點中，亦或將金針菇加入味噌湯中做為主配菜如此輕輕鬆鬆備餐即可。再者也可將原本食用的白米改成半糙米。每日若完全配合孩子的要求做菜，往往會容易做出熱量高、油脂多、肉量多的洋食，因此大人必須嚴格把關飲食的內容。

認識「五味」增添滿足感

做菜之際，可試試看「五味」。若食物味道相似，就不容易獲得滿足感。應盡量於同一餐內，試著豐富酸、苦、鹹等多元味道。此外於續加飯菜時，不要只給炸雞塊等主菜，應該少量平均輪番續加米飯、味噌湯與副菜。

不只食物內容，就連飲食方式也極為重要。孩子於晚餐前嚷嚷著肚子餓時，可先給予主食或副菜，方便攜帶的起司也是不錯的選擇，切記勿以糖果點心充飢果腹。還有邊看邊吃或邊讀邊吃這類「邊做邊吃」的行為，會較難以體會到飽足感。

可以試試看用餐的順序。美味分為「upper系（興奮系）」和「downer系（鎮定系）」＊兩種。由於砂糖、油脂、白米（醣類）屬於會想要攝取更多的興奮系美味，若於用餐時最後吃米飯，就會變得更想要繼續吃下去。反之，攝取鮮味代表的日式高湯，就能品嚐到鎮定系的美味，因此於用餐最後喝點湯品鎮定大腦，就可好好滿足口腹之慾產生飽足感。

可做一、二種「多吃也無妨」、孩子愛吃的非糖果點心類，如，毛豆、小魚乾、或麩（譯註：類似台灣的麵筋之類的小東西）。若有可讓暴食的孩子充飢果腹且無論吃多少家長都不會生氣的東西，那麼孩子在精神上會感到輕鬆一些。

勿讓孩子對吃這件事產生罪惡感

1960年以後20歲左右的女性身高增加，體重卻無增加，體型日趨苗條。根

*譯注：「upper系（興奮系）」和「downer系（鎮定系）」在日本原用於毒品，upper系會使人情緒高亢，以興奮劑、安非他命、古柯鹼等爲代表。downer系則能鎮定情緒，以大麻爲代表。之後也用於食物方面，SUNTORY網站上介紹吃愈多upper系的食物大腦會愈興奮，以咖哩飯、薯條與速食爲代表。downer系的代表食物爲富含鮮味的昆布、柴魚片、蔬菜、貝類等具有收斂興奮大腦的作用，能在用餐結束的同時帶來極大的滿足感。目前台灣似乎沒有這種比喻說詞。

據小學生的問卷調查結果指出，小學四年級約有5成的女童希望變瘦，約35%被認定有肥胖恐懼症。如上述，雖然體重低於標準體重比的80%，原本就屬纖瘦的體型，卻仍有為數眾多希望變瘦的孩子。

最近不止大人，甚至還出現了正在減肥瘦身的小學學童。學童期為身體發育的成長期，尤為生殖器官、骨骼成長的黃金關鍵時期。一旦瘦了身，恐怕將無法攝取身體原本所需的營養素，尤其是女生過度減肥瘦身，可能會導致貧血、無月經、骨質疏鬆症、不孕，甚至罹患飲食障礙症。

若在意體重增加，不只要在飲食上做調整，還須下意識地運動增加活動量。尤其是女孩特別有可能因為大人無心的一句「吃那麼多會胖喔！」、「妳是不是變胖了？」而開始減肥瘦身，因此切勿不經意地說出讓孩子對吃這件事產生罪惡感的話。

暴食的情況幾乎都能緩和下來，希望孩子能逐漸懂得控制食量。

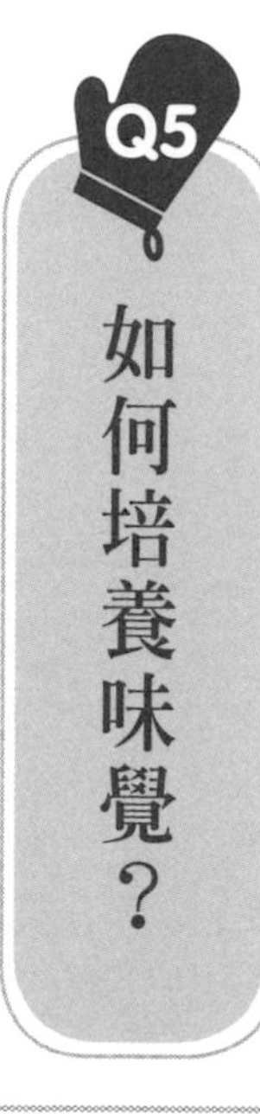

Q5 如何培養味覺？

多年前我曾看過一篇「約有3成的孩童無法正確辨識味覺」這個令人震驚的研究結果。聽到有3成的孩童無法辨識鹽味、苦味或是不知道酸味，父母恐怕對自己的孩子是否也是如此而感到忐忑不安。

無法正確辨識味道的原因，似乎是起因於不規律的生活與飲食環境。例如，重鹹口味和充滿添加物的食材、速食、垃圾食物、外食次數的增加、遠離日本料理的飲食等，有著五花八門的理由。為了不要讓味覺變得遲鈍，須留意下列要點。

味覺發育的3大要點

①以輕淡的口味為基本

相信大家都聽過「輕淡的口味有助身體健康」這句話。「清淡的口味＝少鹽」，為健康做了不少貢獻。清淡的口味為何對味覺如此的必要？

味覺與聽覺和觸覺等同樣都是「感覺」。培養味覺，必須對感覺敏感，將食物放進口中時「感覺」、「思考」食物的味道，就能逐漸磨練出味覺。

然而，重口味的食物，讓人無法感覺及思考食物味道的時間，在食物放進口中的瞬間，就能立即知道食物是「好甜」還是「好鹹」。**口味清淡的食物在放進口中的瞬間，並不會立即感覺到味道，必須藉由每次咀嚼感受食物滋味的過程，察覺到食物「帶有淡淡的甘甜味」或「有苦味後勁」**。

正因如此，清淡的口味才是成功開啟味覺的基本原則。鹽分濃度在0.8～0.9%時會讓人覺得美味，自家煮的味噌湯的鹽分濃度約在此程度。嬰兒喝的湯品鹽分濃度不超過0.5%，幼童的適當鹽分濃度在0.6～0.7%。離乳期的湯品須將大人的湯品稀釋到一半，幼兒期也須加一點水稀釋給孩童飲用。

外食的湯品鹽分濃度大致上都很高，甚至有達1.1～1.3%濃度的味噌湯。**外食時，可用水或熱水稍加稀釋孩子的湯品。首先可先從稀釋湯品開始。**

要控制每次用餐的鹽分濃度或許有些困難，大致上只要掌握昨天吃的外食晚餐口味較重，今天就吃口味清淡一點，靈活調整即可，務必留意攝取口味清淡的食物。

② 讓孩子體驗多元的食材與味道

必須讓孩子體驗多元的食材與味道。無須勉強孩子吃掉討厭的食物，且萬萬不可將食物全都調味成給孩子吃的甜味或企圖用番茄醬與美乃滋掩飾食物的味道。從幼兒期開始直至小學3、4年級的挑食行為最為常見，這段時期是「不常見的東西＝討厭的東西」。讓孩子反覆體驗各種味道，盡量減少還沒嚐過味道就先討厭該食物的情況。

要營造能確實體驗味覺的環境，具體而言，就是須盡量放慢吃飯的速度。向孩子技巧性地提問與味道有關的問題，例如，**「現在嘴巴裡有什麼食物呢？」、「那個嚐起來是什麼味道？」都具有相當不錯的效果**。平日由於較無悠閒吃飯的時間，建議可在假日悠閒地吃個早餐。而過多的香料及色素會讓大腦對氣味和外觀產生錯覺，碳酸飲料（含碳酸水）、苦澀的茶以及辛辣的食物都會在口腔內暫時性收斂，變得不易感覺到味道，電視與音樂也會妨礙專注於味道的集中力，應當盡量避免。

③以言語化的方式表現味道和氣味

培育味覺，其實最重要的在「言語化」。嗅覺和味覺是需要透過反覆聞嗅或品嚐的行為而磨練出來，因此建議以言語化的方式表現味道和氣味。重點在表達出感受到的事，絕不可探索正確答案以及否定或評價孩子的表現。

舉例來說，孩子吃了橘子後表達了橘子是「鹹鹹的」，父母卻往往會不經思索就糾正「不是鹹鹹的，應該是酸酸的喔」。或許這種表現單純只是孩子把酸的講成鹹的，但也說不定孩子真的認為橘子就是鹹的。

人類是靠舌頭上的味覺受容體來感受五味的。甜味有甜味的受容體，酸味有酸味的受容體，五味分別擁有各自的受容體，然而**受容體的數量因人而異，有人對酸酸的食物特別敏感，或容易放大甜味等，因為每個人對味覺有各自的癖好**。例如，人工合成甜味劑乙酰磺胺酸鉀，原本應該會感覺到「甜甜的」，卻約有2成的人會感覺其味道「苦苦的」。

順帶一提，我吃橘子時會覺得有點醬油的味道，所以能夠體會有些孩子說橘子是鹹鹹的心情。味覺沒有正確或錯誤的答案，讓孩子依照自己的感受表現味覺即可，無須做出任何評價。儘管如此，幼兒期的詞彙還不多，大人也可以教導孩子有關口感的表現方式，例如，蝦子的口感是「Q彈」，蓮藕是「鬆脆」，藉機讓孩子學習語言的美感。到了小學中高年級時，詞彙變得更加豐富，就更能表達出自己感受到的事。例如，至今吃杏仁只能說出「有杏仁的味道」的孩子，將能進一步用言語表現出「甜甜的」、「舌頭殘留著沙沙的口感」、「帶有溫合的氣味」等口感的形容。

寫下吃過的味道，挑食行爲就會減少

事實上味覺一經開啓而豐富起來後，挑食行為將會逐漸減少。根據千葉大學名譽教授石井克枝，在導入營養午餐的學校，施行了讓小學3年級的學童將營養午餐的味道以文字書寫方式表現的「味覺教育」，得到下述結果報告。

- **一次都吃不完的學童於半年後蛻變成全部吃光光的孩子。**
- **學年度的營養午餐剩飯率極低。**
- **回家後的餐間點心減少，改善了肥胖狀況。**

吃下學校的營養午餐，僅僅寫下食物的滋味與感受，即能讓挑食行為減少，能全部將餐點吃完的學童增加，著實令人驚訝不已。孩子的味覺一旦豐富起來，就能一起分享用餐的樂趣和喜悅，親子共餐的時光將更顯珍貴。

Q6 吃太快、吃太慢

在大夥群聚在餐桌前吃飯是理所當然的時代裡，透過與人共餐交流，可以掌握得宜的進食速度。現在的社會，母子共餐，或孩子獨自用餐變得理所當然，這樣則很難有改變進食速度的機會。

吃太快的情況

吃太快的最大原因，歸咎於未能好好咀嚼。咀嚼的次數取決於孩童2歲半到3歲，開始萌發最裡面的第二乳臼齒時。在這段時期，首重養成好好咀嚼的習慣。

與騎腳踏車相似，咀嚼也必須透過練習，熟能生巧，並非自然就能上手。咀嚼的建議次數為每一口嚼30次。要教孩子上下左右移動牙齒，用臼齒好好磨碎「咀嚼」，尤其過了幼兒期，不光是上下移動牙齒，也須告訴孩子要像長頸鹿進食時左右移動的方式咀嚼。

牙齒是食物進入口中第一個遇到的「消化的器官」。若孩子尚未萌發恆齒，卻與大人吃的一樣，會造成內臟負擔。要培養咀嚼能力，必須養成慢慢咀嚼較硬或纖維質多的食物的習慣。若不多加注意就無法養成習慣，可選在假日時決定為「咀嚼力鍛鍊日」，挑選食材練習。

告訴孩子「讓我聽聽你咀嚼的聲音」、「到底發出什麼樣的聲音呢？」，並實際靠近孩子，聽聽孩子發出的聲音，這時孩子應該會嚼得非常有勁。敦促孩子要咀嚼到建議的30次，讓孩子實際數數看次數，也能帶來不錯的效果。

為了能好好地咀嚼，最重要且必要的是營造出能慢慢用餐的環境。急著催促趕快吃，絕對無法讓孩子好好咀嚼。

特別是吃太快的幼兒多半會吃太多，可試試在餐桌上擺台時鐘。

一旦決定好「到了幾分就可以增添飯菜喔」的時間，這時孩子不喜歡眼前的食物沒了，就會開始慢慢吃。慢慢吃與好好咀嚼息息相關。（請參考p.120「Q4放任孩子暴食，也沒有關係嗎？」）

吃太慢的情況

我常常聽到家長有「孩子吃飯吃得很慢」這樣的煩惱。然而慢慢吃這件事原本並沒什麼問題。問題在於大人因為孩子吃得慢而煩躁過度生氣，引發緊張的餐桌氣氛，導致孩子因而感覺吃飯並不是一件愉快的事。近年來，日本小學的營養午餐時間規定在20分鐘以內，雖然考量到備餐等時間實在也是無可奈何的事，但20分鐘實在是相當地短。或許吃太慢的孩子其實很想把飯吃完，卻被強制性地結束營養午餐的時間也說不定。

儘管不挑食，卻以吃得太慢為理由而無法吃完營養午餐，實在可惜。這樣不僅無法攝取充足的營養，肚子也會馬上飢腸轆轆，會造成回到家後吃太多零食點心的狀況。所以要努力讓吃得太慢的孩子漸漸地吃得快一點才行。

吃太慢的2大原因

吃太慢分為2大原因。

①問題出自於吃的方式。由於咀嚼次數過多，或一次放入口中的量很少，所以相當費時。
②單純不想吃，或對吃不感興趣。無法專注於吃這件事上。

第②種常見於食量少的孩子，只要催促吃快一點或從旁協助，即使耗時卻仍能全部吃光光，家長也往往傾注心力於吃光光這件事，最後導致每次吃飯時間都耗得很久的結果。孩子吃得太慢，首先必須釐清孩子屬於哪種原因後再思索對策。

事實上基於理由①而吃得太慢，多為有好好咀嚼的孩子，可數數看孩子的咀嚼次數。建議咀嚼次數如前述為每一口嚼30次，咀嚼肉類或較硬的蔬菜若達30次以上，即代表已養成好好咀嚼的習慣的證據。若急著性子催促快點吃，將養成孩子不咀嚼就吞下肚的習慣。

好好咀嚼的孩子，由於閉著嘴巴不停嚼動到有點膩了，所以常會在中途休息一下或做些其他事。此時家長不分青紅皂白地認為「又在玩」、「快點吃」而想出聲斥責，其實孩子的嘴巴可能正咀嚼到一半，此時可對孩子說「有好好咀嚼很棒喔」並告知咀嚼的次數，幫助孩子恢復現在正在用餐和咀嚼的意識。

原本就有因不擅於咀嚼和吞嚥而偏好柔軟食物的孩子。在3～4歲萌發最裡面的牙齒，以及小學低年級的換牙期，尤其無法好好咀嚼。可將食物弄成容易入口的適口形狀，直至孩子習慣為止，不失為一種方法。

第②種因為對吃不感興趣或吃太少導致吃得很慢的孩子，會變成典型的「吃飯心不在焉」。首先必須確認餐桌四周是否有分散注意力的物品。用餐時，絕對不可邊吃邊看電視或邊打電動。

孩子獨自用餐時，會因為感到無聊而開始邊吃邊玩。**明明一起「開動」吃飯，大人千萬不可先吃飽就起身離席，開始洗碗或開電視**，應陪伴至孩子「吃飽了」為止。

特別有許多才剛起床，腸胃尚未活動起來就心不在焉吃早餐的孩子。米飯較麵包的水分多故較容易咀嚼，因此可加快吃的速度。

一次用餐的建議時間大約為20～30分鐘。催促孩子「不吃這個就不能玩喔！」、「不能看電視喔！」，或是孩子明明已經不想吃了，卻被強迫吃下肚的餐桌氣氛並不會太好。

只要已養成吃飯心不在焉的情況，在吃到2/3的量，約20～30分鐘時，就該向孩子表示「吃飯時間差不多該結束了吧」後收掉餐具。有時甚至可乾脆一點少放點飯菜，切記要告訴孩子「要續加飯菜喔！」。

最後可教導飯吃得太慢的孩子按照米飯、主菜、副菜的順序，依序均等食用的「三角形吃法」。吃太慢的孩子若在短暫的營養午餐時間先吃白飯，再喝湯品，之後再接續吃下一道菜，食用的途中若用餐時間結束，就無法攝取完善營養，故可採三角形吃法以改善營養不均衡的問題。

Q7 什麼是健腦食物？

近年來，漸漸地能耳聞「健腦食物」這個詞。健腦食物意指對大腦有助益的食物。原本的含意不只是幫助孩子大腦成長的食物，也意味著對於阿茲海默症等大腦疾病與年歲增長引起的大腦衰退，守護大腦遠離壓力的飲食生活。

對大腦有助益的食物漸漸備受矚目，然而與「吃什麼」同樣佔有舉足輕重地位的是「要怎麼吃」。下述將探討對大腦有助益的飲食習慣。

具代表性的健腦食物

如同第1章所述，「育腦」的重要營養素為Omega-3脂肪酸、卵磷脂、鈣質、低GI值的碳水化合物、維生素B群與鐵質。包含這些營養素的食材就被稱為健腦食物。

舉例來說，有魚類、雞蛋、大豆、奶製品、肝臟、半糙米、燕麥片與堅果。Omega-3脂肪酸從魚類攝取，卵磷脂具代表性的食品為雞蛋與大豆。攝取鈣質的重點在吸收率，維生素B群的食品相較之下較能從多元食品中攝取，鐵質的重點在於從血紅素鐵攝取。

低GI值的碳水化合物中，我特別推薦半糙米與燕麥片。燕麥片是將蒸過的燕麥壓碎後乾燥製成，富含食物纖維，比營養價值高的糙米的食物纖維含量高出3倍，含鐵量高出2倍，含鈣量高出5倍。甚至有別於其他穀類，不必炊煮僅需以牛奶或熱開水就能輕鬆泡開，是極有魅力的食材，由於與日式高湯味道相搭，因此能添加在湯品或味噌湯中，相當方便。

堅果為天然的營養保健食品

另外一個推薦的健腦食品就是堅果。堅果種類琳瑯滿目，有杏仁、核桃和腰果等，除了含有不飽和脂肪酸「α-亞麻酸（Omega-3脂肪酸的一種）」外，還富含維生素（特別是維生素E）、礦物質以及食物纖維等營養素，被譽為天然的營養保健食品。

要一次攝取大量堅果恐怕並不容易，可磨碎撒在料理上增添口感與風味，為方便運用在料理的食材。

本章節最後會介紹堅果的食譜。

使用堅果時的重點在於不要加熱以免氧化，只需在料理最後一道步驟添加即可。順帶一提，市售有酥烤杏仁與生杏仁。酥烤杏仁香氣十足口感甚佳，然而由於杏仁的成分當中脂質含量就佔了一半，有一經加熱就容易氧化的缺點。另一方面，生杏仁的口感比烤杏仁來得軟，且保有杏仁原本具有的甜味。然而生杏仁存在著酵素抑制物質（發芽抑制因子），是為了調整種子於適當的環境下發芽的物質，因為對人體有害，故須在前一晚先將生杏仁泡過水後再食用。

就我個人而言，泡過水的生杏仁口感溫和，脂質也未氧化，因此我比較推薦生杏仁，但由於兩者各有利弊，可視喜好或心情區分使用。

對大腦有助益的飲食習慣是？

①搭配組合「魚類X芝麻」等食材

稍早已針對對大腦有助益的食材＝健腦食物進行解說，要將健腦食物含有的營養素發揮到最大極限，必須搭配組合食材。雖已於第1章詳述，讓我們再重溫一次重點。聰明的搭配組合會強化效果，反之效果將會大打折扣，務必將此重點銘記在心。

並非將含有這些營養素在內的食材相乘搭配在一起做料理，僅須大致上記住每餐中的菜色包含了下列的搭配組合，就能同時攝取。

①Omega-3脂肪酸（魚類）X維生素E（杏仁・芝麻）

②卵磷脂（雞蛋・大豆）X維生素C（青花菜・青椒）

③鈣質（魩仔魚・起司）X鎂（海萵苣・海帶芽）、維生素D（舞菇・鮭魚）、維生素K（納豆・菠菜）

④低GI碳水化合物（糙米・半糙米）X維生素B_1（豬肉・鰻魚）

⑤鐵質（大豆・小松菜）X維生素C（高麗菜・番茄），鐵質與兒茶素相忌！

②「水煮」為魚類的最佳烹調方式

例如，被認為對大腦有助益的DHA存在於魚類，讀者們是以何種方式進行加熱烹調呢？若使用微波爐的烘烤功能或烤魚機加熱烹調，爐內溫度將高達300℃。油炸溫度約為180℃。以大火用平底鍋炒的溫度則是接近200℃。

由於珍貴的魚油有不耐熱的特性，高溫烹調容易氧化。油的氧化與氧氣、溫度、光線密不可分，因此須盡可能避免高溫的烹調方式。

建議使用水的加熱烹調方式。由於水的沸點為100℃，水溫不會超過100℃，**以蒸、燉煮的加熱烹調方式為佳**。魚油接觸到空氣中的氧氣會氧化，因此浸泡

在醬汁狀態的「煮魚」，比起「烤魚」更不易氧化，是對大腦有助益的烹調方法。

平日總是習慣將魚做成烤魚的話，可將烹調方式改為使用水的加熱烹調方式，例如，短時間燉煮魚連同醬汁一同享用，或與蔬菜一起蒸煮再加點醬油食用的方式。烹調魚類以外的食物也務必留意烹調方式。

③也須細心觀察油的包裝和萃取方法

被譽為對大腦有助益的是亞麻仁油和胡麻油等Omega-3脂肪酸油。由於Omega-3脂肪酸油與魚油同樣具有極易氧化的特性，因此須特別注意氧氣、溫度和光線的因素，店內購買時須選購不透光深色瓶裝的油品。

有幾種從原材料萃取油的方法，最具代表性的是低溫壓榨、高溫壓榨以及使用溶劑的萃取方法。瓶身會標示萃取方法，可選購最能防止氧化的「低溫壓榨（cold press）」油。買回家後須置於冰箱冷藏，應盡早使用完畢。

④避開反式脂肪，要注意人造奶油！

反式脂肪分為天然與人工兩種，

問題出在以人工方式添加氫於植物油內固定成型的人造奶油。反式脂肪存在於以化學方式精製而成的化學油、人造奶油、起酥油與低脂人造奶油當中，由於不存在於自然界，難以在體內分解，也被指出對大腦發育有不良的影響。美國自2018年以後已經禁止使用反式脂肪，日本卻尚未考慮禁止。這是由於美國的整年反式脂肪攝取量較日本多達一位數的緣故。儘管日本國內的攝取量少，考量到全世界反式脂肪的禁用趨勢，反式脂肪也存在於離乳期與幼兒期孩童食用的市售零食點心，希望至少到大腦發育顯著的幼兒期為止能盡量避免攝取。

⑤重新審視醣類的「品質」，不可限制孩童的醣類攝取量

大腦所需的葡萄糖也屬醣類的一種，務必重新審視醣類的品質。近幾年限醣飲食已蔚為風潮，然而要讓大腦好好運作卻需要足夠的葡萄糖。限醣飲食，並不推薦實行於孩童身上。

進行限醣飲食時往往會避開食用白米飯，然而我希望能趁孩子在孩童時代就能知道剛煮好的白飯的美味。白米已經輾除了富含維生素、礦物質和食物纖

維的胚芽與米糠的部位，半糙米所含大腦所需的營養素更多。相較於已精緻的麵包、義大利麵與白砂糖，全麥麵包、義大利麵、未精緻的黑糖與蔗糖的營養素更為豐富。

最近小麥粉的食品中含有麩質的問題尤其引人注目。近年來小麥品種不斷改良，大幅增加了存在於小麥當中一種叫做麩質的蛋白質。在歐美因為食用麩質後得了腸道內消化不良的「麩質不耐症」的人陸續增加，掀起了一股標榜「無麩質」食品的熱潮。無法在腸道內消化的不適，也會因為「腦腸軸線」的關係而影響大腦運作。況且麵包與義大利麵無論如何都難以與日本料理搭配。

請不要實行限醣飲食，而該重新審視醣類的「品質」，無須戒掉所有精緻食品。舉例來說，**可時常於餐桌上供應全麥粉的麵包或全麥義大利麵、半糙米，以取代麵包、義大利麵、白米與使用精製白砂糖的零食點心，或以黑糖和蜂蜜等甜味劑取代白砂糖**。如此一來不但可增添平日用餐時的新鮮感，日積月累下來也有助於培養對大腦有助益的飲食習慣。

兒童也該攝取營養輔助食品和健康食品嗎？

我們周遭充斥著各式各樣的健康訊息，很多人認為營養保健食品似乎對身體有益進而產生興趣，卻不太能了解究竟能帶來哪些具體的效果。或者雖然知道自古以來具傳統代表性的乾物和豆類產品對身體有所助益，卻總覺得似乎無法活用而嫌麻煩。

健康食品種類五花八門，基本上即使被稱為食品，卻不得標示健康效果。然而被例外認可的有「特定保健用食品（似台灣健康食品）」、「營養機能食品」及「機能性表示食品」三種健康食品。

特定保健用食品對兒童的效果令人存疑

機能性表示食品制度為始於2015年為相對較新的制度，是由廠商自主管理標示，無須國家審查。

特定保健用食品須經國家審查並由消費者廳發行許可證，據稱可信度最高。最近市面上的特定保健用食品的茶、清涼飲料水和口香糖正日益增加。在日本，益生菌和難消化性麥芽糊精也相當知名。

然而，特定保健用食品雖在日本被認可，在國外也有基於沒有建立在科學上的根據導致不得在食品上標明健康標示的產品。而日本認可健康效果的判斷基準，相較於其他國家被認為太過寬鬆。況且這些都是廠商以在預防生活習慣病的「成人」為對象所開發的商品，對兒童是否也能發揮效果著實令人存疑。

不可過度信任依賴健康食品，若實在很想讓孩子食用，應選擇以「兒童」為對象所開發的商品。然而**有些兒童保健食品會為了適口性加入砂糖，切勿以健康食品為由而拼命給予，應做為日常零食點心適度給予才恰當。**

營養機能食品，是旨在以補給特定的營養成分為目的的食品。其中所含營養成分若介於最高與最低設定值的範圍內，無須向國家提出申請就能依據法令規定基準標示。目前有13種維生素與6

種礦物質（鈣質、鎂等）為營養機能食品對象，以早餐麥片和零食點心包裝上的「每日所需的鈣質量為○%」標示為例。

不過由於這些都未經過國家審查，可信度並不高，等同營養保健食品。

營養保健食品攝取了過量的營養，可能招致腹瀉和脫水症狀

我認為應從「飲食」著手而不該透過健康食品或營養保健食品攝取營養，特別是胺基酸和必須脂肪酸等身體無法自行合成的營養素。這是由於營養素的過與不及都會引發疾病的緣故。各種身體的必須營養素有其「適量」的範圍。

舉例而言，脂溶性維生素的維生素A不足則容易引起眼睛、肌膚乾燥或容易感冒，然而攝取過量卻會引起食慾不佳、腹痛、頭痛、疲憊感。幫助鈣質吸收可強化骨骼的維生素D，雖對孩童來說為必須營養素，然而一旦攝取過量，就會產生腹瀉、想吐以及脫水症狀。

攝取過量而導致身體不適，孩童難以用言語表達，大人也不易察覺。

如上述以適量攝取所有的營養素為前提下，一日3餐均衡攝取最為重要。即使有好好地吃仍有可能發生營養素攝取量不足，但絕對不至於營養過量。此外，想具體從飲食以外的方法補充營養素而服用營養保健食品，就會導致攝取過量的營養素。

基本上我並不推薦服用營養保健食品補充維生素A、維生素D等單一營養素的方法。基於某個特定的營養素攝取不足而服用營養保健食品為由，到底該服用至何時才能改善，又繼續服用至何時會導致過量，對一般人而言很難界定清楚。第1章p.33「成為享受運動樂趣的孩子」中所說明的胺基酸儲水桶理論，完全應證了此說，因此均衡攝取各種維生素顯得格外重要。

假設要服用維生素的營養保健食品，應該選擇綜合維生素為佳，並先決定好持續服用的期限後再行服用。

優質營養均衡的「超級食物」

超級食物指的是有優質均衡的營養，比起一般食品具有更高的營養價值，或含有某一部分特別突出的營養或健康成分的食品。例如，螺旋藻、巴西莓、奇亞籽等都是在超市就能看到的超級食物。

存在於日本的傳統食品當中，同樣具有營養與健康的效果，足以被譽為超級食品，以傳統製造法的食品居多。例如，發酵食品（納豆、醬油、味噌、米糠醬菜、麴等）、茶（綠茶、抹茶等）、傳統自然食品（醃梅子、大豆、薑、糙米、蕎麥果實等）皆屬此類。超級食物中具有各種各樣的營養素及效能，可積極使用烹調。

選擇重點在挑選採取日本傳統的製造方法。市面上有為了能短時間大量製造而添加了化學調味料和添加物的發酵食品，這類食品無法獲得發酵食品原本擁有的豐富營養素與健康效果。挑選發酵食品之際，應檢視原料表並挑選僅有單純原料標示的產品，例如，選擇「大豆、小麥、食鹽」標示的醬油、「大豆、米、食鹽」標示的味噌，作為超級食物應可發揮最大的效果。

Q9 每天思考菜色備感痛苦

下班回家後沒有從零開始思考的做飯的時間？週末一次大量做好常備菜也挺費工夫，甚至連菜色都一成不變。不知各位是在何時以及如何思考菜色？我相信一定有每天光思考菜色就備感痛苦的人。

幼兒期兒童的食量大致上是大人的一半，之後會逐漸地增加，直至小學生有些兒童的食量與大人相當。然而食量因人而異，在思考菜單時的重點在均衡的營養。一旦兒童時期營養素攝取不均衡，就有可能會影響到身體發育與神經系統的發展。

要如何維持營養均衡呢？醫院膳食與學校營養午餐是以公家機關制定的「參考膳食攝取量」為參考，一般家庭做飯時則無須拘泥在太過詳細的數值上。為孩子準備餐點時，可參考下述三大要點來思考如何均衡搭配菜色。

【三色食品類】（譯註：使用紅、黃、綠三種顏色將食物分成三大類）

❶奠定身體基礎的營養素（肉類、魚類、牛奶、雞蛋、奶製品、豆類等）＞紅

❷提供活力來源的營養素（米飯、麵包、麵類、油、砂糖等）＞黃

❸調理身體狀態的營養素（蔬菜、水果、菇類等）＞綠

若不加以留意，在❶當中攝取了過量的肉類和雞蛋的蛋白質，❸的蔬菜攝取量就會變少。肉類太多就會導致攝取過多的脂肪量，因為不吃蔬菜就不端上桌，就會導致維生素、礦物質與食物纖維的攝取量不足。無論孩子吃不吃，務必留心於每日的菜色中提供蔬菜，特別是綠色的蔬菜。順帶一提，市售蔬果汁比蔬菜的蔬菜營養吸收率低，只能偶爾取而代之。

從小學中年級開始，身高和體重會急速成長，應多元均衡攝取❶的肉類、魚類、雞蛋與豆類等產品。

幼兒一日的理想食物攝取種類爲25種，小學生爲30種

基本上需留意一日分成早中晚三餐

再加上點心，幼兒期的孩童一天攝取的食物種類為25種，小學生為30種。換句話說，就是在一次餐點當中約有8～10種食物最為理想。菜色基本上分為主食（米飯）和副食（配菜）。幼兒期以1湯2菜，主菜（主要配菜）、副菜（次要配菜）和湯品為目標，小學生則以1湯3菜，再追加1道副菜。

若認為思考一天的菜色實在很麻煩，建議可事先思考備好一週的菜單。

・早餐以「主食＋蛋白質」為原則

事先規劃出以「主食＋蛋白質」為早餐的食用原則，每天輪流替換這些菜色。

例如，雞絞肉御飯糰、納豆飯、生雞蛋拌飯或以鮪魚、雞蛋、起司為配料的麵包等。注意不要光從肉類攝取蛋白質，若能搭配味噌湯、甚至是蒸蔬菜和水果等更為理想。

・晚餐以「肉類和魚類輪番交替」為原則

接下來是決定晚餐。先從決定好主菜開始，盡可能肉類和魚類輪番交替登場。決定重點在鐵質和鈣質這兩種容易攝取不足的營養素。為能有效攝取鐵質，應定期食用紅肉魚或肝臟。鈣質被認為是難以攝取自傳統日本料理的營養素，可特別花點巧思添加起司或小魚於餐點中。

以上述原則決定主要食材，就會自然而然地決定好適合搭配的蔬菜。副菜和湯品則須考量到與主菜之間的平衡。若主菜為肉類或炸物等口味濃厚的菜，副菜就做些日式燉菜等口味清爽的菜搭配。以孩子喜愛炒物勝過煮物為由而做了口味濃厚的副菜的話，就會導致熱量過多，須加以注意。

●午餐來碗丼飯涵蓋全方位的營養素

最後是午餐。平日若是吃學校的營養午餐，可盡量於假日的午餐當中攝取於早晚餐無法完善補給的營養素與食材。推薦食用包含了所有碳水化合物、蛋白質與蔬菜，且烹調方法又簡單的丼飯。其他如什錦燒、炒飯、烏龍麵也是不錯的選擇。

每天擬定菜色的巧思（重點）

為了擺脫每天菜色一成不變，須在擬定菜色上費點心思。

①重複菜色

如果要避免在回家後的忙碌時間還要思考菜色而備感痛苦的話，可事先思考

2週～1個月份的菜色並重複使用。這比每天毫無計畫，走一步算一步地煩惱「要煮什麼好？」來得更省時省力。此時無須將食材細分得太過精確，保持愉快的心情大略分成「青菜」、「菇類」等即可。

②調味維持不變，試著改變食材

食譜量不足，苦惱於每天菜色一成不變時，無須改變烹調方法，可試試看在食材上做些變化。例如，將馬鈴薯燉肉的馬鈴薯換成南瓜，以牛肉取代豬肉。水煮菠菜可以小松菜、春菊或西洋菜取代。芝麻涼拌菠菜亦可變化成芝麻涼拌青花菜或芝麻涼拌蘆筍。

建議列出一份當季食材的清單。僅需將平日料理的食材替換成當季食材，菜色就會變得更加豐富多元。

③善用乾物

日本的傳統食材乾物最適合做為認識日本料理深奧滋味的食材。光是乾物一詞，就有乾香菇、高野豆腐（譯註：日本的凍豆腐，以低溫熟成後乾燥製成的食品）、蘿蔔乾絲、冬粉等五花八門的食材。

早上事先浸泡於水並置入冰箱冷藏，回家後就能立即使用，只要決定好一種食材就能變化出適合該食材的組合，在擬定菜色時會輕鬆不少。

④運用拌菜

常有爸爸和媽媽詢問我「雖然已決定好主菜（肉和魚），卻無法決定好副菜」的煩惱。我建議可利用拌菜當作副菜，可將各式涼拌菜的拌料拌入已燙好的青菜做變化（參閱下頁涼拌菜拌料列表）。

以燙好的菠菜為例，可佐以「海苔醬油」、「鮮奶油乳酪醬油」、「納豆醬油」或「花生醬醬油」，風味馬上搖身一變，最棒的是僅需攪拌在一起的程序相當簡單。

⑤體驗五味

日本料理的菜色調味，無論如何總是甜甜又鹹鹹。照燒鰤魚、金平牛蒡、日式涼拌芝麻菠菜……。雖然煮得相當起勁，然而各位是否都以砂糖和醬油全部調味成相似的味道？

用餐時要體驗五味。五味若能均衡融入一餐當中，就能增添滿足感。照燒鰤魚可改成鹽燒口味，涼拌芝麻可變換成水煮菜。特別是酸味就有優格、柑橘、醋等所產生的不同酸味，可善加運用。

每天飲食當中，多數人大都說擬定菜色比做菜來得還要麻煩。若能零壓力擬定菜色，相信做菜將會變得輕鬆不費力。

涼拌菜拌料列表

維生素・礦物質

- 白蘿蔔泥
- 海苔
- 青海苔
- 山藥泥
- 紅蘿蔔泥
- 加熱過的洋蔥泥

或洋蔥糊＝撒上些許鹽的洋蔥切片以小火炒10分鐘

- 蘋果泥
- 紫蘇
- 秋葵碎末
- 玉米
- 昆布細絲
- 鹽昆布
- 海苔醬
- 醬煮金針菇
- 酪梨

蛋白質

- 鮪魚
- 起司

茅屋起司
奶油起司等

- 納豆（磨碎納豆較方便使用）
- 魩仔魚
- 櫻花蝦
- 優格
- 柴魚片
- 豆渣
- 黃豆粉
- 豆腐
- 蒸大豆
- 鱈魚子

油脂・醣類

- 磨碎的麵包粉
- 燕麥片
- 杏仁
- 芝麻
- 花生醬
- 醃梅子（若含蜂蜜須1歲以上才可食用）

聰明給予點心的方法

我認為整個幼兒期至學童期，明知重要卻難以實踐的就是提供點心的方法。

點心扮演的角色

點心原本扮演的是「補充營養食物」的角色。由於孩童的胃小，無法從三餐完整攝取到必須的營養素，因此有必要在餐與餐間補給不足的營養。原本希望孩子在上小學後能以一日3餐的方式補給營養，卻因為忙於學校社團活動和才藝課而有無法準時吃飯的時候。由於活動量與運動量較幼兒期增加許多，務必補充水分與營養。

對大人而言，點心還扮演著吃甜食以消除壓力的角色，然而對孩童而言，僅在發揮補給營養的功用。

點心的壞處

小學生的點心多半都是給予市售的零食點心。這些市售的零食點心難以攝取到油脂與醣類以外的營養素，甚至還添加了希望能避開不吃的防腐劑、色素等添加物和反式脂肪以及大量的砂糖與鹽等成分。其中又以麩胺酸、砂糖與油脂可被稱為「會令人上癮的東西」最多。

偶爾吃一下市售的零食點心當然無妨，然而問題在於讓孩子想吃就吃，就會偏離點心原本做為營養補給的目的。

市售的零食點心熱量高，易有飽足感，導致吃不下正餐，這是主餐吃太少最主要的原因。若學校的營養午餐出現了討厭的食物，就會增加很挑食的孩子吃零食點心的量，陷入吃點心後不吃正餐的惡性循環。

順帶一提，似乎有許多人認為吃太多砂糖就會導致蛀牙，與其這麼說還不如說是因為吃進含有砂糖的食物造成口腔偏向酸性，形成容易蛀牙的環境。因此即使是甜食，有黏性的巧克力與牛奶糖會延長停留於口腔內的時間，而融口性佳的冰淇淋與餅乾的停留時間較短，可以說比巧克力還不容易蛀牙。若在意蛀牙，可注意此點。

擬定大原則

話雖如此，吃零食點心時會有幸福的心情，選擇或分享零食點心也是一個快樂的經驗。因此，若想要為孩子留下自主選擇零食點心的喜悅，就必須擬定零食點心的大原則。

①控制攝取量

最重要的一件事，就是控制攝取量。市售零食點心多為高熱量，對攝取限度的認知顯得相當地重要。點心的熱量建議攝取量為1日攝取量（下一頁）的10～15％。假設選擇了200卡的零食點心，等同是1／2包洋芋片或1小球冰淇淋的份量。或許有人認為相當地少，然而考量到熱量則以200卡為適量。

食用市售的零食點心時，可由大人掌握攝取量，並將適當的食用量盛裝於盤內。**切勿養成整袋遞給孩子吃的習慣。外出時也要隨身攜帶夾鏈袋以控制食用量**。

光是冰淇淋和餅乾就會攝取過量的熱量，可以一週吃1次。以一週為單位粗估零食點心的熱量，若今天吃較多，隔天就可節制不吃以取得平衡。為了取得平衡，親子雙方應事先掌握好一週內零食點心的份量。

突然禁止吃零食點心或將份量減少到過於極端，恐怕會引起孩子的反彈，逐漸減少份量方為上策。可準備數種點心，分別少量盛裝於盤內，更能提高孩子的滿足感。

推算每日所需熱量（卡/日）

年齡＼性別	男性	女性
0～5個月	550	500
6～8個月	650	600
9～11個月	700	650
1～2歲	950	900
3～5歲	1300	1250
6～7歲	1350 ～ 1750	1250～1650
8～9歲	1600 ～ 2100	1500～1900
10～11歲	1950 ～ 2500	1850～2350
12～14歲	2300 ～ 2900	2150～2700
15～17歲	2500 ～ 3150	2050～2550
18～29歲	2300 ～ 3050	2050～2550

出處：日本人飲食攝取基準（2015年版）

200卡的食物基準

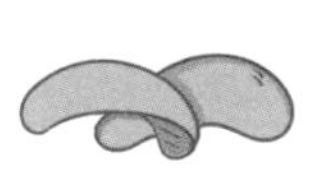
洋芋片
約1/2包

冰淇淋
1小球

巧克力片
約1/2片

米果
3、4片

銅鑼燒
1個

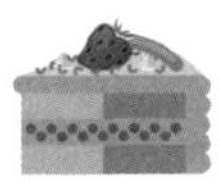
水果蛋糕
約1/2塊

②也要注意「飲食方式」

必須戒掉邊看電視或邊打電動這類「邊做邊吃」的壞習慣。邊做邊吃會忘記品嚐食物的味道，導致吃過量或吃飯拖拖拉拉的原因。

此外，也須留意食用時機。以傍晚

收到蛋糕為例，應將蛋糕做為飯後甜點來吃。原本我希望能節制不要太晚吃零食點心，然而總比晚餐前就已經吃得太飽來得好。

③意識性地補給不足的營養素

以點心補給營養時，須下意識攝取能量來源的碳水化合物及鈣質。

日本料理的缺點之一是難以攝取鈣質。因為起司和牛奶等奶製品與日本料理較不搭，故在家裏動手做點心時，需要意識性地盡量攝取鈣質。

我推薦無鹽小魚乾。一提起小魚乾，會有人在意鹽分的問題，超市販售的「食用小魚乾（譯註：日本的小魚乾主要用來熬煮高湯）」，有標示「無添加鹽分」和「以淡水烹煮」的產品。這些產品在窯中燒煮小魚乾時不會添加鹽分，只保留原料鯷魚本身的鹽分。可先讓孩子吃幾條無鹽小魚乾後再吃市售的零食點心。

若仍心有餘力，請務必參考本章節末的食譜動手做做點心。假日與孩子攜手共同製作點心也會帶來樂趣。手作點心之際，請選擇優質的食材。若是使用奶油、麵粉、牛奶等優質食材製作的點心，就能成為幫助孩子成長的優良「補充營養食物」。

蜂蜜、甘酒取代砂糖

在家製作點心時，可試試看以甘酒、龍舌蘭蜜、蜂蜜、楓糖漿等取代砂糖。這些甜味劑有別於砂糖，具有可攝取礦物質的優點。龍舌蘭蜜為知名的低GI食品，市售可見GI值30左右的產品。

不侷限點心，重點是盡可能不在食物中加入砂糖的堅持態度。不加糖的優格和麥片原本就很美味。吃吐司時不要塗抹果醬，可改以起司取代。食用零食點心本身並非壞事，問題在孩童無法掌控適當的食用量。因此大人須銘記在心地協助孩子調整食用量，使點心成為孩子身心成長的一座靠山。

Q11

常吃外食和熟食，無所謂嗎？

特別是雙薪家庭，平日恐怕因為忙碌而沒有做飯的時間，導致外食和購買熟食的次數增加，不少人為此懷抱著罪惡感。

「外食」，意思為在家以外的地方吃飯。「熟食」，意指買便當或煮好的配菜回家吃。日本的外食和熟食的歷史出乎意料地並不長，外食始於1980年代，熟食則始於1990年代後期，皆隨著女性投入社會工作劇增而產生。因此，小時候於日常生活中未吃外食或熟食的大人，會因沒有讓自己的孩子吃親手做的料理滿懷罪惡感。

不過換個角度思考，**外食提供了吃慣的口味以外，能嘗試並認識新口味的寶貴的機會。省下做飯與善後的時間，或許就能好好地陪伴孩子用餐**。無需對外食和購買熟食充滿罪惡感，可將其視為正面的食育好機會。

外食的熱量與鹽分往往過量

外食和熟食的菜單，幾乎都是深受大眾喜愛的菜餚，特色為以肉為主、蔬菜量少以及如炸物和炒物這類多半使用了大量油脂的烹煮方法。為了能讓人在吃下去的瞬間以及冷掉後都品嚐得到「美味」，製作調味時都偏向重口味，這樣恐怕會導致熱量與鹽分攝取過量的結果。

人會感覺到美味的鹽分濃度為0.8%、0.9%，外食和熟食一般多為重口味，有的鹽分濃度甚至高達1.1～1.3%。

由於嬰兒可接受的鹽分濃度為0.5%以下，幼兒為0.6～0.7%，應要有外食和熟食的鹽分濃度對小孩而言太高的認知，且使用的油脂含有大量的Omega-6脂肪酸和添加物，以食安觀點出發，實在令人惴惴不安。

輕鬆搞定外食和熟食問題的小巧思

①以拌醬降低熟食的鹹度

重鹹的熟食配菜，可考慮使用涼拌菜的拌料（參閱p.155）。推薦可搭配白蘿蔔泥、山藥泥、蒸蔬菜、優格和豆腐等。可將白蘿蔔泥拌入買回來的中華風味炒蔬菜、於馬鈴薯沙拉中添加優格、嘗試將山藥泥拌入芝麻拌菠菜。增加一樣食材，不只營養價值提高，還增加了食用份量。廚房調理工具頂多只需要磨泥器，何樂而不為。當然也可倒掉醬汁或湯汁，或加以稀釋。只要在降低調整鹹度上花點巧思，就能減輕對熟食的罪惡感。

②要有常光顧的餐廳

外食方面，建議要有常光顧的餐廳。有了常光顧的餐廳，在不造成店家困擾下，可以請店家將餐點口味製作得清淡一點、鹽和油少放一點或是將醬汁或淋醬分開盛裝。

③讓孩子從父母篩選好的食物選項，從中選擇

有不少來參加講座的媽媽向我表達「吃外食和熟食，就會有想讓孩子吃喜歡的東西」的強烈意識。最主要的原因或許是因為自己還殘存著小時候吃外食時，能吃到自己喜愛的食物的記憶。

20～30年前，外食＝不普遍的事，當時或許只有在吃外食時，父母才讓自己吃喜愛的東西。然而現代因每個家庭而異，除非上高級法式料理餐廳，外食

和熟食已變得相當普遍，不再特別。

外食和熟食變得更加普遍下，父母應如同在家吃飯時一樣，以孩子的身體健康狀態為考量來決定孩子的菜色。當然是由孩子選擇自己喜愛的東西。每天一直重複吃著相同的東西，就會忽略營養均衡這件事。

無論選擇餐廳或料理，父母應養成先篩選出3個候補名單，再讓孩子從中選擇的習慣。例如，可擬定「不要點過去1週內吃過的東西」這種規定。

④建議選擇餐廳的專門店

常有人詢問我該如何選擇外食的餐廳。盡量不要連續吃西餐、肉、拉麵，可想好一週的菜色，避免偏頗的情形。父母往往會選擇供應各式菜色的家庭餐廳，**有了各式菜色，孩子就會一直選擇相同喜愛的食物，專門店的菜色可選擇的範圍相對較狹窄。**若是自助餐式的餐廳，可擬定如第一次由父母取餐，第二次由孩子自行取用喜愛的食物之類的規定，盡量避免營養不均衡的情形發生。

⑤兒童餐不如選擇大人餐

有些餐廳雖然會將兒童餐的口味製作得清淡一些，但與其說兒童餐是「適合兒童吃的餐」，充其量不過是「兒童會吃很多＝兒童喜歡的餐」。拉麵、義大利麵、咖哩飯都是兒童餐的必備餐點，然而這些卻是油脂和碳水化合物偏多的食物。

盡量分裝大人吃的料理，有時也可選擇兒童餐以外的東西。與家庭餐廳相較之下，麻煩專門店在口味上做清淡調整、少油、以及為了兒童食用，另將佐料（藥味）分開盛裝等細節來得方便。

除了注意上述要點之外，在吃外食和熟食之際，可試試向做料理的人聊表謝意或聊聊食材的話題。希望好好看待外食和熟食的同時，孩子和大人都能愉快用餐。

⑥在一日之中調整營養的均衡

經常攝取外食和熟食可能會造成營養不均衡的狀況。特別是晚餐吃外食或熟食的日子，依據選擇的菜色可能無法吃到太多食品的種類與食材的數量，況且也有吃不下或不想吃外食的幼兒。若是知道今晚要吃外食，可提前於早餐準備豐富配料的蛋包飯等，多下點功夫增加一日攝取的食物種類。

在冰箱常備「秒上桌」的植物性食品吧！

我向各位提出一個問題。在鐵質、油脂（脂肪）、食物纖維、食鹽（鈉）、鈣質、蛋白質當中，對日本的中小學生而言，營養攝取量離理想值最遠的是哪種營養素？

答案是：食鹽（攝取過量）！其次是食物纖維（攝取不足）、油脂（攝取過量）、鈣質（攝取不足），三者幾乎不相上下。

以有學校營養午餐的平日和沒有的假日來看看，假日時要攝取幾乎所有的營養素比平日更為困難。尤其是鈣質和鉀（海帶芽、羊栖菜等）在假日無法充分攝取。由此可知，學校的營養午餐支持了這兩種營養素的攝取。

將攝取均衡營養適當的孩童，和營養過剩或不足的孩童分成兩組，比較兩者主要食品類的攝取量，得到攝取了大量蔬菜、水果和大豆製品的孩子獲得相當均衡的營養的結果。另一方面，在肉類、魚介類、雞蛋的攝取量方面並無太大差異。

這表示植物性食品為適當攝取營養素的重要關鍵。可特別注意是否從平時的菜色中好好攝取植物性食品。

不過每天忙於工作和育兒的狀況下，說實話，光是做飯就已竭盡全力，實在無法天天顧及到營養是否均衡。我自己也是每日與時間賽跑，趕著去接孩子，頭腦常常無法正常運轉，要思考晚餐的菜色的確有難度。

這時候，建議可在冰箱事先準備好一道「秒上桌」的常備食品。即使是現有的菜餚如納豆、蒸大豆等，總之就是先端上桌……，只要平日特別地在每日餐桌上增添無須烹調就能直接從冰箱取出的植物性食品，應該會有截然不同的結果。

無須在食譜和菜色上花太多心思，可試試從增添一道植物性食品開始。若能改變這種想法，或許能減輕一些負擔。

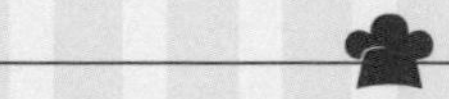

讓孩子整日充滿朝氣的早餐

克服挑食

讓食量小的孩子張開大口吃飯

培養豐富的味覺

輕鬆簡單，菜色不再一成不變！

營養滿分 杏仁

美味又補腦的小點心

冬粉粥

材料

雞肉	100g
飯	3碗
日本冬粉（剪短）	30g
南瓜	70g
日式高湯	500ml
雞蛋	1顆
Ⓐ 醬油	2小匙
Ⓐ 鹽	少取

❶ 將雞肉切成骰子狀，淋上1小匙醬油和1小匙酒搓揉入味。

❷ 日式高湯倒入鍋中煮沸，將作法①的雞肉放入鍋中煮至沸騰後取出備用。

❸ 將飯、冬粉、切丁的南瓜放入鍋中，煮至軟化。

❹ 將作法②取出備用的雞肉放回鍋中，加入Ⓐ醬汁，倒入打散的蛋液。

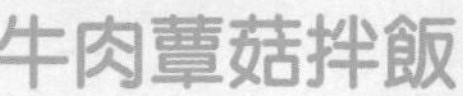

材料

【牛肉蕈菇拌飯】

牛肉	150g
金針菇	1/4包
鴻禧菇	1/4包
洋菇	3朵
蒜	1/2瓣
Ⓐ 日式高湯	2大匙
Ⓐ 醬油	2小匙
Ⓐ 蠔油	2小匙
Ⓐ 鹽	少許
油	1小匙
飯	適量
（大人用）西洋菜	適量

【百變風味味噌湯】

豆腐	1/2塊
高麗菜	1/8顆
白芝麻糊	1小匙
味噌	1大匙
日式高湯	400ml

❶ 將牛肉切成容易入口的大小。金針菇切成3等分，鴻禧菇切除根部後用手剝散。

❷ 平底鍋抹上一層油，放入蒜末，以小火爆香。

❸ 將作法①放入平底鍋轉中火快速炒熟後，再倒入Ⓐ醬汁炒至熟透。

❹ 拌入飯中，大人食用時可加上西洋菜。

POINT

肉不要炒太久，以免變老。

❶ 分別將高麗菜和豆腐各切成2公分的正方小塊。

❷ 日式高湯倒入鍋中後開火，放入高麗菜煮至軟化。

❸ 加入豆腐，再將味噌和白芝麻糊溶於味噌湯中。

❹ 可依個人喜好另外灑上少許的烤芝麻。

山藥泥梅子湯

材料

【山藥泥梅子湯】

- 山藥……約8公分長
- 醃梅子……2顆（去籽拍碎）
- 日式高湯……400ml
- 鹽……少許

1. 高湯放入鍋中煮至沸騰後，放入山藥泥。
2. 放入醃梅子攪拌，味道不夠時可加鹽調整。

蓮藕雞肉什錦飯

材料

【蓮藕雞肉什錦飯】

- 白米……2杯
- 蓮藕……200g
- 雞肉……200g
- Ⓐ 醬油……1大匙
- Ⓐ 胡麻油……1小匙
- Ⓐ 薑末……1/2小匙
- Ⓑ 醬油……1大匙
- Ⓑ 酒……1大匙
- Ⓑ 味醂……1大匙
- Ⓑ 鹽……少許

1. 先洗好米。
2. 蓮藕和雞肉分別切成1公分的骰子狀。
3. 將雞肉與Ⓐ放入大碗，搓揉入味。
4. 煮飯時，作法①的米維持平時煮飯的水量不變，加入Ⓑ混和，再將作法③的雞肉和蓮藕放入鍋內一起煮。

Q彈比薩

材料

麻糬……4片
（糙米麻糬更佳）
可融起司……適量
鱈魚卵……1份
四季豆……適量

❶ 麻糬切成1公分的骰子狀，四季豆切絲。
❷ 剝除鱈魚卵膜。
❸ 平底鍋燒熱後抹上薄薄一層油，將4片麻糬緊密並排在一起以小火油煎。
❹ 麻糬煎熟後擺上起司、灑上鱈魚卵、四季豆絲，蓋上鍋蓋使起司融化。

POINT
請選擇無色素、無添加的鱈魚卵。也可以魩仔魚取代！

日式白花椰菜濃湯

材料

白花椰菜……250g
洋蔥……1/2個
豆腐……150g
日式高湯……400ml
味噌……3小匙
醬油……2小匙
鹽……少許

❶ 用廚房紙巾拭乾豆腐。
❷ 日式高湯放入鍋中煮至沸騰後，將剝成小朵的白花椰菜和切成薄片的洋蔥放入鍋中煮至軟化。
❸ 用攪拌機攪拌作法②、豆腐、味噌和醬油。
❹ 攪拌至均勻滑順後，放回鍋中加熱回溫。
❺ 味道不夠時可在最後加鹽調整。

意式檸檬香煎土魠魚（鮫魚）

材料

土魠魚……4片
雞蛋……1顆
牛奶……1又1/2大匙
青海苔粉……適量
麵粉……適量
鹽……少許
油……1小匙
檸檬……適量

❶ 土魠魚灑上多一點鹽後瀝乾水分，若魚片較厚，可用微波爐加熱1分鐘。
❷ 製作蛋液。將雞蛋打入大碗，與牛奶和海苔粉一起攪拌均勻。
❸ 作法①的土魠魚裹上適量的麵粉，浸泡作法②的蛋液後放在塗了薄薄一層油的平底鍋上煎熟。
❹ 依個人喜好擠幾滴檸檬汁享用。

鮪魚炒牛蒡絲金平

材料

鮪魚罐頭……1罐
牛蒡……1條
胡麻油……1大匙
鹽……1/2小匙
黑芝麻末……1大匙

❶ 牛蒡切斜片後切絲。
❷ 熱鍋後塗上胡麻油，放入牛蒡絲拌炒。
❸ 牛蒡炒熟後，將整罐鮪魚罐頭連同醬汁一起倒入，再加入鹽拌炒。盛盤後灑上黑芝麻末拌勻。

雞肝丸子

材料

Ⓐ
- 雞肝……150g
- 雞絞肉……200g
- 酒……2小匙
- 醬油……2小匙
- 鹽……少許
- 薑末……1小匙
- 蔥末……1/2條
- 香菇末……2大朵（可用泡水至軟的乾香菇）
- 太白粉……2大匙

- 雞蛋……1顆
- 牛奶……適量

Ⓑ
- 味噌……2小匙
- 酒……1又1/2大匙

❶ 雞肝洗淨後，切成容易入口的大小，去除血塊等雜質，再次沖洗乾淨。

❷ 將雞肝浸泡在牛奶15分鐘以上。

❸ 以濾網撈出作法②的雞肝後洗淨，用廚房紙巾拭乾，切成0.3~0.4公分粗的方塊。

❹ 將雞蛋的蛋白、蛋黃分離。

❺ Ⓐ和蛋白拌入大碗，揉捏均勻。

❻ 中火熱平底鍋，塗抹一層油，用湯匙挖取作法⑤塑形成漢堡排形狀，擺入鍋中。

❼ 用小火仔細地將丸子煎到呈金黃焦香色澤後，轉回中火加入Ⓑ，製造出醬燒色澤。

❽ 盛盤後，沾取蛋黃液享用。

蒸大豆拌青花菜

材料

Ⓐ
- 豆腐……130g
- 芝麻糊……1小匙
- 醬油……1小匙
- 砂糖……1小匙

青花菜……1株（約380g）
蒸大豆……50g

❶ 青花菜切成容易入口的大小，汆燙後瀝乾水分。

❷ 用攪拌機均勻攪拌Ⓐ。若無攪拌機，可放入塑膠袋搓揉均勻。

❸ 將作法①和作法②攪拌在一起。

POINT
可使用蘆筍和油菜花等季節食蔬替代。

涮嘴開胃香鬆

材料

昆布	炒黑芝麻
櫻花蝦乾	蔬菜脆片
海苔	乾燥海帶芽
黃豆粉	黑糖
柴魚片	鹽

❶ 將喜好的3~4種配料放入攪拌機打碎，或放入磨缽磨碎，亦可用手剝碎。蔬菜脆片等要留下一些口感會比較美味可口。

❷ 最後以鹽調味。由於是開胃香鬆，多一點鹽會美味加倍，但仍須注意不要過量。

紅蘿蔔櫻花蝦什錦飯

材料

白米……2杯
紅蘿蔔……1/2條
櫻花蝦……4大匙
昆布……5cm長
胡麻油……1小匙
鹽……少許

❶ 洗好米後放入電鍋，加入紅蘿蔔泥。
❷ 放兩小搓鹽於作法①，放入櫻花蝦和昆布，以比平時多一點的水量煮飯。
❸ 飯煮好後淋上胡麻油攪拌，若味道不夠鹹，可加少許鹽調整。

日式茸菇醬

材料

金針菇……1包
滑菇……1/2包
醬油……2大匙
味醂……2大匙弱
薑末……少許

將所有材料放入鍋中，開小火煮至冒泡，偶用筷子攪拌。約煮5分鐘即完成。

醬菜牛肉捲飯糰

材料

飯……3碗
牛肉薄片……8片
柴漬（*）……2大匙
（譯註：切碎的茄子或小黃瓜以紫蘇葉鹽漬而成的醬菜）
白芝麻……1小匙

Ⓐ
- 味噌……2小匙
- 酒……2小匙
- 味醂……1小匙

❶ 將切碎的柴漬和白芝麻攪拌到飯中。

❷ 作法①捏成8個俵型（圓筒狀）飯糰狀。

❸ 牛肉薄片分別包覆在作法②的飯糰外圍。

❹ 平底鍋熱鍋，排列作法③的牛肉飯糰煎至呈金黃焦香色澤為止。

❺ 倒入Ⓐ醬汁，轉小火製造醬燒色澤。

白菜蒸鱈魚

材料

鱈魚……4片
白菜……1/8顆
海帶芽……2大匙
酒……4大匙
鹽……少許
昆布……5cm長
胡麻油……1小匙
喜愛的柑橘類……適量

（大人用）
韓式辣醬、柚子醋、醬油等

❶ 鱈魚撒上鹽和酒，用廚房紙巾拭乾。
❷ 將切成大塊的白菜、海帶芽和作法①的鱈魚放入厚鍋，擺上昆布、撒上鹽和酒後蓋上鍋蓋蒸煮至熟透。
❸ 盛盤，淋上擠好的柑橘類果汁增添香氣。
❹ 另以小鍋乾燒胡麻油至冒煙後離火，澆淋一圈在鱈魚上。
❺ 大人可佐以韓式辣醬、柚子醋、醬油等調味。

鮪魚菠菜豆腐鬆餅

材料

絹豆腐（*）……130g
（*譯註：日式嫩豆腐）
鮪魚罐頭……1罐
菠菜末……1/4把份量
雞蛋……1顆
牛奶……50ml
鹽……少許
市售鬆餅粉……1包（180g）
優格……適量
沙拉用波菜（嫩菠菜）……適量
（依個人喜好）

1. 將豆腐、鮪魚、波菜末、雞蛋、牛奶、鹽放入大碗，以捏碎豆腐般的方式攪拌。
2. 倒入鬆餅粉，以劃切方式拌勻。
3. 平底鍋抹上一層油，以小火仔細煎熟。
4. 依個人喜好擺上嫩菠菜，淋上優格享用。

干貝佐萵苣豆漿湯

材料

萵苣……1/4顆
干貝罐頭……1罐
水……200ml
薑……1片
（約拇指第1關節大小）
胡麻油……1大匙
豆漿……200ml
醬油……1/2小匙
鹽……少許

POINT
由於豆漿煮至沸騰會產生分離狀態，請以小火加熱。

❶ 將萵苣撕成2公分的寬度碎片，薑切成細絲。
❷ 將胡麻油和薑絲放入鍋中，以小火加熱至逼出薑的香氣後，倒入水和整罐干貝連同醬汁，轉大火煮至沸騰。
❸ 轉小火，加入豆漿並以醬油和鹽調味。

電鍋煮蜜漬黑豆

材料

黑豆……1/2杯
水……2又1/2杯
鹽……少許
蜂蜜……1～2大匙

❶ 將黑豆、水和鹽放入電鍋，以一般煮飯模式烹煮。
❷ 煮熟後，拌入蜂蜜。

大口吃杏仁香鬆

材料

雞絞肉……150g

Ⓐ
- 醬油……1/2大匙
- 酒……1大匙
- 味醂……1/2大匙
- 薑汁……1/2小匙

杏仁碎粒……1大匙
油……1小匙

❶ 平底鍋抹上薄薄一層油，放入雞絞肉和Ⓐ拌炒。
❷ 熄火後，加入杏仁碎粒。

葡萄乾杏仁香煎雞肉

材料

雞腿肉……250g

Ⓐ
- 優格……2大匙
- 咖哩粉……1/2小匙
- 鹽……少許
- 葡萄乾……2大匙
- 蜂蜜……2小匙

杏仁……2大匙

❶ 將Ⓐ拌入大碗，放入切成適口大小的雞肉並搓揉至入味，靜置約15分鐘。

❷ 平底鍋燒熱後抹上薄薄一層油，以中小火煎熟。

❸ 煎熟後盛盤，最後擺上碎杏仁。

電鍋製作的
小番茄奶油起司豆腐蛋糕

材料

豆腐……90g
低筋麵粉（過篩）……100g
泡打粉……10g
牛奶……3大匙
鹽……少許
砂糖……1小匙
小番茄……5個
奶油起司……40g

POINT
由於不同的電鍋種類所呈現出來的效果也不盡相同，若沒製作成功則可試試看再用電鍋烹煮一次來調整。

❶ 將豆腐放入電鍋內鍋，以攪拌器攪打至滑順均勻。

❷ 在作法Ⓐ中加入過篩好的低筋麵粉、泡打粉、鹽和砂糖，邊用攪拌器攪打邊慢慢加入牛奶，攪打至麵糊尖角不下垂。

❸ 放入切成丁的小番茄和奶油起司，用劃切方式拌勻，以電鍋一般模式烹煮。

❹ 將內鍋倒扣冷卻蛋糕，切片享用。

瑞可塔霜凍優格

材料

優格……約200g
（約大盒裝一半份量）
楓糖漿……80～100g
*可以砂糖2～3大匙代替
瑞可塔起司……適量
（Ricotta cheese）

將所有材料放入優格包裝盒內攪拌混合均勻後，移至冷凍庫，須不時取出攪拌再放回直至凝固。

黑芝麻黃豆粉餅乾

材料

麵粉……100g
（全麥麵粉尤佳，過篩）
黃豆粉……20g
黑芝麻……10g
黑糖或個人喜好的砂糖……30～50g
鹽……少許
菜籽油或橄欖油等……50g
個人喜好的油

❶ 將過篩好的麵粉、黃豆粉、黑芝麻、黑糖和鹽放入兩層塑膠袋內，將所有材料搖至混合均勻。

❷ 將油少量數次倒入塑膠袋內，仔細搓揉。

❸ 於塑膠袋內將麵糰塑形成長條狀。由於形狀容易崩塌，輕輕弄破塑膠袋後用菜刀小心翼翼地切塊。

❹ 排放於烘焙紙上，以170℃預熱烤箱烘烤20分鐘。

❺ 由於烤好的餅乾容易散落，烘烤完成後不出爐直接冷卻。

暖心暖胃南瓜薑茶

材料

蒸南瓜	100g
牛奶或豆漿	150ml
楓糖漿	1～2小匙
肉桂	適量
薑末	適量

❶ 用攪拌器拌勻所有材料。

❷ 移至鍋中加熱。

傳承自祖母和母親的食器與食譜書。我想傳達的是讓孩子也能享受使用陶瓷餐盤用餐的樂趣。一旦孩子明白是貴重物品，就會善待而不太會弄破，我自己本身也是打從兒時就開始使用正規的器皿享受用餐的樂趣，若真不小心弄破了也無妨。

定本日本料理 様式
日本料理名物

参考文獻

『脳の機能に関与する腸内フローラと「脳腸相関」』須藤信行

『その調理、9割の栄養捨ててます！』東京慈恵会医科大学附属病 栄養部監修（世界文化社）

『漬物を食べないと腸が病気になります』松生恒夫（広済堂出版）

『七訂食品成分表2017』香川明夫監修（女子栄養大学出版部）

『脳と発達-環境と脳の可塑性』津本忠治著（朝倉書店）

『子どもの味覚を育てる』ジャック・ピュイゼ著（紀伊國屋書店）

『ホットケーキで「脳力」があがる』川島隆太著（小学館）

『脳の進化で子どもが育つ』成田奈緒子著（芽ばえ社）

『「子どもの精神医学」を学ぶ』児童心理2014年2月号臨時増刊（金子書房）

『香水―香りの秘密と調香師の技』ジャン＝クロード・エレナ著（白水社）

『味覚と嗜好のサイエンス』伏木亨著（丸善）

『脳からストレスを消す食事』武田英二著（ちくま新書）

『利かない健康食品　危ない自然・天然』松永和紀著（光文社新書）

『日本食品標準成分表2015年版（七訂）』文部科学省科学技術・学術審議会（全国官報販売共同組合）

『栄養と料理2017年8月号/佐々木敏がズバリ読む栄養データ』（女子栄養大学出版部）

後記

感謝您讀完本書。

閱讀至此，可能有人會認為營養和飲食習慣，要達如此理想境界而感到喘不過氣或憂心忡忡。

飲食，是為了生存而攝取必要營養的行為。飲食就「營養層面」而言極為重要，如「前言」所述，兒時攝取的食物尤其會左右孩子的一生。然而一旦太過拼命重視這個層面，就會變得痛苦不堪。

實際上，我認為飲食擁有另一個重要的「文化層面」。飲食並不完全在攝取營養，還能啓動所有五感享受餐點、共享美味，並透過飲食與他人進行交流，也是學習一個國家特有的禮儀與文化規矩的機會。幸福的用餐經驗，將與對飲食植入正面記憶的同時，孕育出豐富的心靈。

如今時代變遷，即使開發出優異的營養補給品和藥品，飲食包含了文化層面因素的關係，人類與他人齊聚圍繞在餐桌上共餐的場景將與現今無異。

如果是這樣，就會想要好好珍惜每一餐，包括好壞在內都是寶貴美好的飲食經驗。

現在有挑食行為也好，有吃不下的時候也好。有時吃下大量甜食和垃圾食物填補心靈，吃外食的日子或許將持續下去也說不定。然而若非已定型成習慣，則不是什麼大問題。

重點在於日積月累地維持均衡的飲食。希望讀者能抱持著悠然的心情，善加看待孩子的飲食。

食物專家
食育專家／TOKEIJI千繪

TOKEIJI 千繪

1級食物分析師協會之認定講師，以磨練「審食美眼（食物的審美觀），營造豐富多彩的飲食生活」為座右銘，為主持『審食美眼塾』的食育專家。曾任職企業商品開發、餐廳顧問服務後，致力推行以「味覺」為特色的飲食教育。現在以食物分析師、講師、美食評論家的身分活躍於各大媒體。以關東地區為主舉辦食育講座、高湯講座以及透過手作筷子學習筷子文化與使用方法的My筷子手作講座。其中特別是以離乳期開始培育味覺為目的的講座，幾乎每場都是一位難求的盛況。現任日本法國料理之會副會長、JAPAN FOOD SELECTION評審委員。

媽媽簡單不費力！：打造孩子聰明腦的日常飯桌養成術 / TOKEIJI 千繪著；王韶瑜譯.-- 初版. -- 臺北市：八方出版，2019.03
面； 公分 . -- (Super kid ; 9)
ISBN 978-986-381-200-5 (平裝)

1. 育兒 2. 小兒營養 3. 食譜
428.3 108003468

Super Kid 09

媽媽簡單不費力！
打造孩子聰明腦的日常飯桌養成術

作者 / TOKEIJI 千繪
譯者 / 王韶瑜

發行人 / 林建仲
副總編輯 / 洪季楨
國際版權室 / 本村大資、王韶瑜

出版發行 / 八方出版股份有限公司
地址 / 臺灣台北市 104 中山區長安東路二段 171 號 3 樓 3 室
電話 / (02)2777-3682 傳真 / (02)2777-3672
E-mail / bafun.books@msa.hinet.net
Facebook / https://www.facebook.com/Bafun.Doing
郵政劃撥 / 19809050 戶名 / 八方出版股份有限公司

總經銷 / 聯合發行股份有限公司
地址 / 臺灣新北市 231 新店區寶橋路 235 巷 6 弄 6 號 2 樓
電話 / (02)2917-8022 傳真 / (02)2915-6275

定價 / 新台幣 300 元
I S B N / 978-986-381-200-5
初版一刷 2019 年 04 月